中国科技评估发展报告
2022

科技部科技评估中心
中国科技评估与成果管理研究会　编著

 中国农业科学技术出版社

图书在版编目（CIP）数据

中国科技评估发展报告. 2022 / 科技部科技评估中心, 中国科技评估与成果管理研究会编著. -- 北京：中国农业科学技术出版社，2023.10

ISBN 978-7-5116-6461-7

Ⅰ. ①中… Ⅱ. ①科… ②中… Ⅲ. ①科学技术—评估—研究报告—中国— 2022 Ⅳ. ① G311

中国国家版本馆 CIP 数据核字（2023）第 186383 号

责任编辑	朱妍婕
责任校对	马广洋
责任印制	姜义伟　王思文

出 版 者	中国农业科学技术出版社
	北京市中关村南大街 12 号　邮编：100081
电　　话	（010）82105169（编辑室）（010）82109702（发行部）
	（010）82109709（读者服务部）
网　　址	https://castp.caas.cn
经 销 者	各地新华书店
印 刷 者	北京科信印刷有限公司
开　　本	185 mm × 260 mm　1/16
印　　张	15.75
字　　数	237 千字
版　　次	2023 年 10 月第 1 版　2023 年 10 月第 1 次印刷
定　　价	128.00 元

◀━━ 版权所有 · 侵权必究 ━━▶

《中国科技评估发展报告 2022》

编委会

顾　　问：郭向远
主　　任：聂　飙
编　　委：（按姓氏笔画排序）

尤施施　田德录　朱志凌　闫　冬　孙　雁　李晓轩
杨　云　杨治安　杨耀武　张　磊　张　薇　陈华雄
罗　艳　定明龙　屈明剑　项　勇　施筱勇　徐耀玲
高文义　唐　强　黄灿宏　韩　军　霍　竹

编写组

组　　长：屈明剑　刘　尧
编写人员：（按姓氏笔画排序）

丁锦建　王　淼　王　薇　王景秋　毛雪峰　任晓蕾
闫万体　汤进华　孙昕雨　余全民　张　佳　张仪帆
张鲁宁　陈　洁　林　丽　定明龙　胡文琼　钟嘉馨
昝婷婷　袁艳玲　徐　芳　徐耀玲　陶　蕊　郭琳娜
黄　何　董晶华　程燕林　谭　越　魏喜武

前　言

改革开放以来，我国科技事业蓬勃发展，科技评估也在借鉴国际经验的基础上，结合我国国情和科技发展需求不断探索前行，在推动创新生态建设、促进科技体制改革、支撑政府管理决策等方面发挥着越来越重要的作用。近年来，我国各级政府加强绩效管理，深化简政放权、放管结合、优化服务改革，科技评估受到了社会各方面越来越多的重视，各类科技评估实践日益丰富，机构和从业队伍日益壮大，科技评估向着制度化、规范化、专业化、国际化的发展方向不断迈进。

科技部科技评估中心、中国科技评估与成果管理研究会牵头组织，广东省技术经济研究发展中心、上海科技咨询有限公司、陕西省科学技术情报研究院、河南省生产力促进中心、中国科学院管理创新与评估研究中心、江苏省科学技术情报研究所、上海科学技术政策研究所、武汉市科技发展促进中心、浙江省科技评估和成果转化中心、广州市科技项目评审中心等单位共同编写本报告，旨在总结我国科技评估发展历程，梳理科技评估行业发展状况，展示评估典型案例，加强相关各方的交流与合作，推动科技评估行业开放共享和高质量发展，更好地发挥科技评估在促进全社会科技创新、提高科技管理决策水平、优化资源配置、激励问责等方面的作用，为提升我国科技创新能力、加快建设创新型国家和世界科技强国提供优质服务和有力保障。

2018年，科技部科技评估中心探索编写发展报告，发布了《中国科技评估发展报告2018》，该报告虽未正式出版，但得到了各方广泛关注和好评。本报告是该报告的完善和延续，整合了其中部分内容，重点介绍了近些年科技评估发展情况，相关数据截至2021年底。报告分为两部分，第一部分由科技部科技评估中心组织全国科技评估机构协作网成员单位编写，总结了我国科技评估发展历程，梳理科技评估制度建设、理论与方法、标准化建设、机构与队伍建设、信息化建设等情况，对科技评估发展态势进行了展望。第二部分由有关评估机构供稿，介绍各类型科技评估案例并总结经验，为相关评估工作的开展提供借鉴和参考。

本报告在编写过程中得到各界人士大力支持，在此表示衷心感谢！特别感谢科技部科技评估中心原领导张晓原、迟计、王瑞军、解敏、毛建军、陈兆莹、方衍、邢怀滨在本报告编写过程中给予的指导！感谢科技部有关司局及直属机构、地方科技管理部门、有关评估机构和专家对本报告的支持和帮助！

目　录

上　篇　科技评估发展总体情况

第一章　科技评估发展历程 …………………………………… 3
一、科技评估的开端 ………………………………………… 3
二、科技评估的兴起与发展 ………………………………… 4
三、科技评估的体系构建 …………………………………… 8

第二章　科技评估制度建设 …………………………………… 11
一、国家法律和党中央、国务院对科技评估的要求 ……… 11
二、部门出台的科技评估制度 ……………………………… 14
三、地方出台的科技评估制度 ……………………………… 25
四、社会各方的科技评估制度规范 ………………………… 30
五、科技评估制度建设展望 ………………………………… 33

第三章　科技评估理论与方法 ………………………………… 35
一、科技评估理论 …………………………………………… 36
二、科技评估基本方法 ……………………………………… 42
三、科技评估研究观察 ……………………………………… 49
四、评估专家视点 …………………………………………… 63

第四章　科技评估标准化建设 ········· 69
一、科技评估标准化概述 ········· 69
二、科技评估标准化组织建设 ········· 72
三、科技评估标准体系 ········· 75
四、科技评估标准实施 ········· 90
五、标准化建设总结与展望 ········· 92

第五章　科技评估机构与队伍 ········· 95
一、科技评估机构建设 ········· 95
二、科技评估专业队伍建设 ········· 111
三、科技评估专家队伍建设 ········· 116
四、机构与队伍建设展望 ········· 119

第六章　科技评估信息化 ········· 121
一、科技评估信息化概述 ········· 121
二、科技评估信息化发展现状 ········· 124
三、科技评估信息化趋势与展望 ········· 139

下篇　科技评估典型案例

第一章　历史科技评估经典案例 ········· 145
一、《国家中长期科学和技术发展规划纲要（2006—2020年）》实施情况中期评估 ········· 145
二、《中华人民共和国科学技术进步法》有关制度立法后评估 ········· 146
三、国家科技创新政策实施情况监测与评估 ········· 147

四、国家科技重大专项年度监督评估 …………………………… 148
五、国家自然科学基金资助与管理绩效国际评估 ……………… 148
六、国家重点研发计划重点专项指南评估 ……………………… 149
七、项目管理专业机构改建中期评估 …………………………… 150
八、国家重点实验室评估 ………………………………………… 151
九、中国科学院研究所评价 ……………………………………… 152
十、双创示范基地建设与进展情况评估 ………………………… 152
十一、《国家知识产权战略纲要》实施10年评估 ……………… 153

第二章 2019—2021年科技评估典型案例 …………………… 155

一、全面创新改革试验区域政策评估 …………………………… 155
二、2019年河南省科技奖励工作后评估 ………………………… 159
三、上海市某区科技创新发展专项资金政策绩效评价 ………… 163
四、山西省《科学素质纲要》实施终期情况评估 ……………… 168
五、《"十三五"国家科技创新规划》实施情况总结评估 ……… 171
六、国家自然科学基金年度绩效评价 …………………………… 175
七、国家重点研发计划重点专项绩效评估 ……………………… 181
八、英国创新领军人才奖学金项目国际联合评估 ……………… 185
九、广东省重点领域研发计划重大/重点项目评估 …………… 189
十、中央级科研事业单位绩效评价(试点)工作 ……………… 192
十一、武汉市新型研发机构绩效评估 …………………………… 196
十二、2021年度浙江省省级产业创新服务综合体绩效评价工作 … 201
十三、长三角创新机构(高等院校、科研机构篇)百强评估 … 204
十四、中国石油集团公司重点实验室和试验基地运行绩效评估 … 208
十五、国家野外科学观测研究站评估 …………………………… 214
十六、国家国际科技合作基地评估 ……………………………… 217
十七、江苏省重点实验室评估 …………………………………… 220

十八、县域科技创新能力监测评价工作 …………………………………… 223

十九、人工智能态势评估 ……………………………………………………… 229

附录　科技评估大事记……………………………………………… 237

上 篇

科技评估发展总体情况

第一章
科技评估发展历程[①]

改革开放以来，随着我国科技体制改革和政府职能转变，科技评估逐步成为政府加强科技管理和完善科学决策的一项重要举措。党的十八大以来，随着政府深化简政放权、放管结合、优化服务改革，公众监督问责的意识不断提升，科技评估的理念、制度和方法得到发展，各类评估实践日益丰富，已迈入制度化、规范化、专业化和国际化的发展道路，科技评估的组织、机构和从业人员队伍日益壮大。

一、科技评估的开端

1978年3月，第一次全国科学大会成功召开，我国迎来科学的春天。1985年3月，党中央作出《关于科学技术体制改革的决定》，指出"对于各种不同类型的研究工作，应当采取不同的政策和评价标准"。随后，国家自

[①] 本章编写人员：屈明剑、徐耀玲、刘尧。

然科学基金、国家高技术研究发展计划（"863计划"）、星火计划、火炬计划等科技计划相继设立。国家科技计划（基金）的项目管理中，突破了原有的计划拨款制度，建立了以同行评议为基础的择优支持机制。各地也逐渐开展了立项评审的实践。中国科学院开始建立研究院所评价制度，初期以同行评议为主。

科技成果鉴定在这一时期得到发展，在国务院发布《新产品、新工艺技术鉴定暂行办法》的基础上，1987年10月，国家科委发布了《中华人民共和国国家科学技术委员会科学技术成果鉴定办法》，形成了一套以科技成果为对象的评估框架。

二、科技评估的兴起与发展

1992年，党的十四大确立了社会主义市场经济体制的改革目标，十四届三中全会通过了《建立社会主义市场经济若干问题的决定》，中国开始整体推进经济体制改革。在此背景下，政府对决策科学化和民主化的认识提升到一个新的高度。1994年，国家科委提出要用"第三只眼睛"对科技计划进行评估，并连续五年对国家科技攻关计划、"863计划"、国家高新技术产业开发区、国家新产品计划和国家工程技术研究中心等重要科技计划进行了综合评估。1997年，国家科委制定发布了《科技成果评估试点工作管理暂行规定》，将科技成果评估作为科技成果鉴定的一种补充，推进评估工作的开展。"九五"期间，国家科委（科技部）每年安排100万元开展科技评估工作。

社会转型以及政府行政理念上的变化，促进了专业化科技评估机构的出现。1997年2月，国家科委批准依托中国科学技术促进发展研究中心成立国家科技评估中心，这是我国第一个国家级科技评估机构。1998年，科技部对国家重点新产品计划进行了立项评估试点，国家科技评估中心进行总体技术设计和质量控制，选择了北京、上海、天津、广东、沈阳、武汉、湖南7个省（市）开展试点工作，逐步推广评估机制。随后，北京市、上海市、天津市、广东省、辽宁省、武汉市、四川省、河南省、深圳市等相继成立了科技评估机构。1999年9月，《中共中央、国务院关于加强技术创新、发展高科技实现产业化的决定》中明确提出要大力推进中介机构评估制度，时任国务院总理朱镕基特别强调，凡是重大项目都要经过评估、招标。经过一系列实践探索，科技评估作为一个新的理念在我国逐渐兴起。各类科技评估活动开始为科技计划管理决策提供科学化支撑，逐步被中央和地方科技管理部门接受，并在全国范围内推广开来。

2000年以来，我国科技评估工作稳步发展。科技部于2000年制定发布了《科技评估管理暂行办法》（国科发计字〔2000〕588号），对科技评估工作进行规范和指导，随后又于2001年1月发布了《科技评估、科技项目招标投标工作资格认定暂行办法》（国科发计字〔2001〕4号）。2001年6月，作为《科技评估管理暂行办法》的重要配套文件，国家科技评估中心制定和公开出版了《科技评估规范》。该规范是中国科技评估活动的第一个行为和技术规范，确定了科技评估应遵循的原则和基本职业道德，同时明确了科技评估的类型、范围、方法、程序等要素。该规范的发布标志着我国科技评估活动开始步入专业化阶段。

2003年5月，科技部、教育部、中国科学院、工程院和自然科学基金委联合印发了《关于改进科学技术评价工作的决定》（国科发基字〔2003〕142号）（以下简称《决定》）。《决定》针对评估工作中存在的问题，提出了"目标导向、分类实施、客观公正、注重实效"的要求，明确要开展分类评价。2003年9月，为了贯彻落实《决定》精神，科技部印发了《科学技术评价办法》（试行）（国科发基字〔2003〕308号）（以下简称《办法》）。《办法》明确了分类评价以及评价的基本程序和要求，并对各类科技活动提出了较为详细的评估内容、评估周期和专家选择等方面的要求。2004年，在国家科技评估中心的基础上，经中编办和科技部批复，具有独立法人资格的国家级专业化科技评估机构——科技部科技评估中心成立并全面推动科技评估各项工作。

2008年7月新修订实施的《中华人民共和国科学技术进步法》在总则中对科技评价制度提出了要求，第一次以法律的形式明确国家要建立和完善科技评价制度，是对科技评估地位和作用的重大提升和有力保障。

这一时期，我国开展了丰富的科技评估实践。科技部作为国家科技主管部门，组织或支持开展了许多重大科技评估活动，通过评估改善管理、提高效率、提升绩效。其间开展的主要评估活动包括国家科技重大专项年度监测评估，"863计划"10周年、15周年、"十五"3次评估，国家重点基础研究发展计划（"973计划"）评估，国家重点新产品计划20年综合评估，科技型中小企业创新基金综合评估等计划评估，国际科技合作专项"十五"绩效评估；国家重点实验室评估，国家工程技术研究中心评估，国家高新技术产业开发区评估，中美清洁能源联合研究中心中期评估，公益性科研院所绩效评估试点等科研机构基地评估；《中华人民共和国科学技术进步法》立法后评估，《国家中长期科学和技术发展规划纲要（2006—2020年）》"十一五""十二五"执行情况评估和中期评估，《国家知识产权战略》实施5年评估，科技创新政策落实情况监测评估等科技发展规划和政策评估；各类国家科技计划项目的立项评审和概预算评估等。

国务院其他涉及科技管理的相关部门大都建立了管理科技评估工作的内部机构，住房和城乡建设部、中医药管理局、中国科学院等还设立了专门的科技评估机构。这些部门根据自身需求，制定科技管理和评估制度，开展了多项科技评估工作，类型上以科技计划和项目评估为主，服务于本部门对科技计划和项目的管理。例如，中国科学院开展了知识创新工程评估，自然科学基金委开展了科学基金资助与管理绩效国际评估，农业部[①]开展了农业部重点实验室评估，林业局[②]、环保部[③]、海洋局等行业部门开展了行业科研专项和项目的评估。

---

① 现农业农村部。
② 现国家林业与草原局。
③ 现生态环境部。

全国大部分省级行政区建立了开展科技评估业务的机构，其中，约20个省级行政区设立了专门从事科技评估业务的专业化机构，地方的科技评估活动越来越活跃。尽管评估活动的类型仍以项目评估为主，但已从支撑国家科技计划的地方推荐项目评审或省（市）级科技计划的项目立项评估，发展为涉及中期检查、验收或跟踪等整个项目管理周期多个环节的评估。多个省（市）还探索开展了科技规划、科技政策、科技计划、科研机构、科技人才等多种类型的评估活动。例如，北京市开展了《北京市"十二五"时期科技北京发展建设规划》中期评估，上海市开展了《上海市促进大型科学仪器设施共享规定》的立法后评估，江苏省开展了科技公共服务平台评估等。在评估实践的基础上，各地方探索了多样化、各具特点的评估方法和程序，制定了相应的制度和规范，评估活动逐步向制度化方向发展。

随着国内外政府绩效管理理念的兴起，绩效评估成为各国政府提高财政支出绩效、加强资金管理和接受社会监督的有效手段。财政部开始从财政管理和综合预算管理的角度，对财政支出的各项活动开展绩效评估。从2003年起，财政部相继出台了覆盖各个行业和领域的10余个绩效评估的制度，明确了财政支出绩效评估内容和工作程序等方面的要求，推动各部门和地方设立绩效目标和指标，开展绩效评估活动。相关制度和活动促进了以科技管理部门主导的科技评估与财政管理部门主导的政府绩效评估的融合。科技评估逐步担负起促进政府部门内部改进管理，提高政府科技活动的效率和效果的使命。

科技评估国际交流与合作得到快速发展。我国的科技评估机构与美国、加拿大、欧盟、英国、法国、德国、荷兰、日本、韩国、澳大利亚、新西兰、印度、越南、埃及等国家和地区的政府部门、评估机构和评估协会以及世界银行、联合国开发计划署、联合国教科文组织、亚太经合组织等国际组织建立了良好的合作关系，开展了项目合作、人员交流和学术研讨等多种形式的合作交流，先后举办了"亚太经合组织科技评估培训研讨会""世界银行中国评估培训周""科技评估与管理创新国际研讨会""中英科学基金同行评议研讨会""中欧科技评估研讨会""创新与绩效管理国际研讨会""科技评价高层研讨会"等一系列国际学术交流活动，拓宽了视野，提升了国际影响力。

三、科技评估的体系构建

2012年，党的十八大作出了实施创新驱动发展战略的重大部署，科技体制改革深入推进。伴随新一轮科技革命和产业变革的加速演进，科技管理决策面临的问题越来越复杂，不确定程度越来越高，需要充分发挥科技评估的价值导向、前瞻预测、衡量比较、诊断分析作用，为我国科技创新发展提供决策支撑。党和国家领导人多次就加强科技创新和评估工作作出重要指示和部署。2013年9月，习近平总书记在十八届中央政治局第九次集体学习时指出："关于创新体系怎么建，要认真考虑。项目出去了，钱也批出去了，到底怎么样？要评估分析。"在2016年全国科技创新大会、两院院士大会、中国科协第九次全国代表大会和2018年两院院士大会上，习近平总书记强调"要改革科技评价制度，建立以科技创新质量、贡献、绩效为导向的分类评价体系，正确评价科技创新成果的科学价值、技术价值、经济价值、社会价值、文化价值"。2021年5月，习近平总书记在主持中央全面深化改革委员会第十九次会议时强调"加快实现科技自立自强，要用好科技成果评价这个指挥棒，遵循科技创新规律，坚持正确的科技成果评价导向，激发科技人员积极性"。5月28日，在中国科学院第二十次院士大会、中国工程院第十五次院士大会和中国科协第十次全国代表大会上，习近平总书记指示"要重点抓好完善评价制度等基础改革，坚持质量、绩效、贡献为核心的评价导向，全面准确反映成果创新水平、转化应用绩效和对经济社会发展的实际贡献"。2019年10月，十九届四中全会明确提出"健全符合科研规律的科技管理体制和政策体系，改进科技评价体系"。2020年10月，十九届五中全会强调"完善科技评价机制"、健全以创新能力、质量、实效、贡献为导向的科技人才评价体系。2021年12月，新修订的《中华人民共和国科学技术进步法》丰富了科技评估评价相关内容，提升了对评估评价的核心要求，为持续推进科技评估改革发展提供了长远、稳定、高效力的法律保障。

党中央、国务院相继出台了系列文件，要求完善创新评价制度，加强对创新政策和科技改革任务的监督评估，定期对政策落实情况进行跟踪分析，并及时调整完善。科技评估已经成为新一轮科技体制改革的重要抓手之一。2014年，国家科技计划管理改革启动实施，《国务院印发关于深化中央财政科技计划（专项、基金等）管理改革方案的通知》（国发〔2014〕64号）中提出了建立统一的评估监管体系的要求。2016年，科技部印发《科技监督和评估体系建设工作方案》（国科发政〔2016〕79号），科技部、财政部、国家发展改革委三部门联合印发了《科技评估工作规定（试行）》（国科发政〔2016〕382号），对科技评估体系构建工作进行顶层设计，强化评估工作的统筹协调，我国科技评估逐步进入体系构建阶段。2017年初，中央全面深化改革领导小组第三十二次会议审议通过《国家科技决策咨询制度建设方案》，推动国家科技决策咨询制度建设。2018年，中共中央办公厅、国务院办公厅印发《关于分类推进人才评价机制改革的指导意见》《关于深化项目评审、人才评价、机构评估改革的意见》（中办发〔2018〕37号），随后，《国务院关于优化科研管理提升科研绩效若干措施的通知》（国发〔2018〕25号）出台。2018年3月，中共中央印发了《深化党和国家机构改革方案》，科技部落实方案精神，设立了科技监督与诚信建设司，承担科技评估体系建设和管理等相关工作。2021年5月，国务院办公厅印发《关于完善科技成果评价机制的指导意见》（国办发〔2021〕26号），科技评估制度体系不断完善。

以制度为基础，新时期科技评估工作更加重视体系构建，呈现出一些新的特点。一是明确了评估统筹协调的机制和要求，并通过年度计划、年度总结、信息化建设等措施手段予以保障；二是评估的责任更加明确和细化；三是评估工作融于科技计划管理全过程，重视评估的全周期"嵌入"；四是高度重视"三评"改革和成果评价；五是更加重视评估的基础能力建设。随着科技评估发展和评估需求的增加，评估活动更加丰富，涉及对象、内容和范围更广，如国家重点研发计划重点专项指南评估、项目管理专业机构评估、新型研发机构评估、国际科技合作基地评估等。此外，科技政策和规划评估更加受到各方重视，国家和地方都围绕政策规划落实和绩效开展了许多评估实践。

实施创新驱动发展战略、深化政府职能转变和科技体制改革使科技评估工作面临新的形势与任务要求，我国科技评估事业不断发展，科技评估机构和从业人员队伍日益壮大，社会化、市场化评估机构得到快速发展。当前，我国科技评估的队伍更加多元化，包括各类涉及科技活动和科技管理的机构和组织，主要是中央和地方政府下属的科技评估机构，各类与科技创新管理、投资、服务和促进相关政府支持或市场化的机构和组织、学会、协会等社会团体；科研院所、高校、企业以及各类创新基地联盟等。社会化民营科技评估机构在近些年不断涌现和发展壮大，已经成为一股不可忽视的力量。多层次多类型的各方队伍围绕科技管理决策和监督问责的需要或自身发展的需求，委托、组织或承担各种科技评估活动，研究评估理论、方法、指标和程序，分享经验和成果，共同推动科技评估的系统化发展。

当前，我国科技评估队伍和各类活动更加规范，评估能力和质量不断提升，向着专业化、规范化的要求不断进步。2015年以来，科技部科技评估中心牵头建立全国科技评估机构协作网，每年召开全国科技评估协作发展研讨会；牵头成立科技评估标准化工作组；持续开展行业培训，在全国范围举办了"欧洲科技创新评估高端培训""科技创新政策评估""科技管理改革与评估能力建设""科技监督与评估体系建设"等国际、国内各类培训班。2019年5月中国科技成果管理研究会更名为中国科技评估与成果管理研究会，积极推动科技评估行业建设。2019年8月，全国科技评估标准化技术委员会（SAC/TC580）（以下简称"标委会"）经国家标准化管理委员会批准成立，科技部作为标委会业务指导单位，科技部科技评估中心为秘书处承担单位。标委会组织全国力量，系统推进我国科技评估标准化建设。相应地，各评估机构也更加重视自身的专业化、规范化建设，适用各类机构的评估工具和操作规范得到发展。

第二章
科技评估制度建设[①]

20世纪末以来,我国科技评估以发展需求为导向,在各层次、各应用领域制定了一系列法律法规、部门规章、规范性文件和操作规范,科技评估制度体系逐步建立并不断发展和完善。

一、国家法律和党中央、国务院对科技评估的要求

《中华人民共和国科学技术进步法》和《中华人民共和国促进科技成果转化法》对科技评估的基本要求和原则作出了规定,为我国科技评估工作奠定了法律基础。2021年新修订的《中华人民共和国科学技术进步法》全面构建和提升了科技评估评价法律要求,评估评价相关条款内容较之前更加全面和丰富,法治框架更加完整和充实,除了对科技评估评价提出总体要求外,还对不同对象、内容、场景的评估评价提出了具体要求,将近些年有关

---
① 本章编写人员:张仪帆、屈明剑、汤进华、黄何、陈洁、谭越。

科技评估评价改革发展的若干重要主张和成功经验转化为法律条款。《中华人民共和国促进科技成果转化法》于2015年进行了修订，提出"应当建立有利于促进科技成果转化的绩效考核评价体系，将科技成果转化情况作为对相关单位及人员评价、科研资金支持的重要内容和依据之一""鼓励创办科技中介服务机构，为技术交易提供交易场所、信息平台以及信息检索、加工与分析、评估、经纪等服务"。

近年来，党中央、国务院高度重视科技评估体系改革。党的十八届三中全会通过的《中共中央关于全面深化改革若干重大问题的决定》提出要"构建公开透明的国家科研资源管理和项目评价机制"。2019年政府工作报告中指出要"完善科技成果评价机制""改革完善人才培养、使用、评价机制"。2019年10月，党的十九届四中全会通过的《中共中央关于坚持和完善中国特色社会主义制度推进国家治理体系和治理能力现代化若干重大问题的决定》指出"完善科技人才发现、培养、激励机制，健全符合科研规律的科技管理体制和政策体系，改进科技评价体系，健全科技伦理治理体制"。2020年10月，党的十九届五中全会通过的《中共中央关于制定国民经济和社会发展第十四个五年规划和二〇三五年远景目标的建议》提出"健全以创新能力、质量、实效、贡献为导向的科技人才评价体系""完善科技评价机制，优化科技奖励项目"。

党中央、国务院在一些重大政策文件中对科技评估制度的改革和发展提出了明确的指示要求。《国家中长期科学和技术发展规划纲要（2006—2020年）》提出"改革科技评审与评估制度"。2012年9月，中共中央、国务院《关于深化科技体制改革加快国家创新体系建设的意见》指出要"建立健全科技项目决策、执行、评价相对分开、互相监督的运行机制""根据不同类型科技活动特点，注重科技创新质量和实际贡献，制定导向明确、激励约束并重的评价标准和方法"。2014年3月，国务院《关于改进加强中央财政科研项目和资金管理的若干意见》（国发〔2014〕11号）提出"建立健全决策、执行、评价相对分开、互相监督的运行机制""建立各类科技计划（专项、基金等）的绩效评估、动态调整和终止机制""推进科技评价和奖励制度改革，制定导向明确、激励约束并重的评价标准"。2014年12月，国务院《关于深化中央财政科技计划（专项、基金等）管理改革方案的通知》（国发〔2014〕64号）提出要"建立统一的评估监管体系""评估结果作为中央财政予以支持的重要依据"。2015年3月，中共中央、国务院《关于深化体制机制改革加快实施创新驱动发展战略的若干意见》指出要"改革科技管理体制，加强创新政策评估督查与绩效评价""改革高等学校和科研院所科研评价制度""完善创新驱动导向评价体系"。2016年5月，中共中央、国务院印发了《国家创新驱动发展战略纲要》，指出要"构建覆盖全过程的监督和评估制度""完善突出创新导向的评价制度""根据不同创新活动的规律和特点，建立健全科学分类的创新评价制度体系"。2018年7月，国务院印发了《关于优化科研管理提升科研绩效若干措施的通知》（国发〔2018〕25号），提出"完善有利于创新的评价激励制度"，要求强化科研项目绩效评价，推动项目管理向重质量、重结果转变，实行科研项目绩效分类评价。这些制度针对科技管理中的热点、难点问题提出了解决的措施，注重在新形势下推动科技评估改革，充分释放创新活力，调动科研人员积极性，大力提升原始创新能力和关键领域核心技术攻关能力，为实现经济高质量发展、建设世界科技强国作出更大贡献。

中共中央办公厅、国务院办公厅对完善科技计划、项目、人才、机构、成果、奖励等评估工作提出了具体的要求。2015年9月，中共中央办公厅、国务院办公厅印发了《深化科技体制改革实施方案》，提出要"建立统一的国家科技计划监督评估机制，制定监督评估通则和标准规范"，并对科研院所、科技人员、创新政策等的评价工作提出了具体要求。2018年7月，中共中央办公厅、国务院办公厅印发了《关于深化项目评审、人才评价、机构评估改革的意见》，以构建科学、规范、高效、诚信的科技评价体系为目标，推进分类评价制度建设，分别对项目评审、人才评价、机构评估工作提出了有针对性的改革举措，注重发挥好评价指挥棒的作用。2019年5月，国务院办公厅《关于印发科技领域中央与地方财政事权和支出责任划分改革方案的通知》（国办发〔2019〕26号）指出"加快建立健全科技领域预算绩效管理机制，强化绩效评价结果应用，着力提高财政科技资金配置效率和使用效益"。2019年6月，中共中央办公厅、国务院办公厅印发了《关于进一步弘扬科学家精神加强作风和学风建设的意见》（中办发〔2019〕35号），提出要"正确发挥评价引导作用""改革科技项目申请制度，优化科研项目评审管理机制，让最合适的单位和人员承担科研任务""实行科研机构中长期绩效评价制度，加大对优秀科技工作者和创新团队稳定支持力度，反对盲目追求机构和学科排名""大幅减少评比、评审、评奖，破除唯论文、唯职称、唯学历、唯奖项倾向，不得简单以头衔高低、项目多少、奖励层次等作为前置条件和评价依据，不得以单位名义包装申报项目、奖励、人才'帽子'等"。2021年7月，国务院办公厅印发《关于完善科技成果评价机制的指导意见》（国办发〔2021〕26号），在科技成果评价中统筹破"四唯"和"立新标"上提出指导措施，确立科技成果分类评价体系，建立政府、市场、第三方机构、金融投资机构等多主体评价机制，鼓励尊重科技创新规律，创新成果评价方式方法。

二、部门出台的科技评估制度

科技部、中国科学院、中国工程院、自然科学基金委、教育部等中央科教部门，财政部、国家发展改革委、人力资源社会保障部等综合管理部门和中央各行业部门围绕各自相关工作，针对科技评估建章立制。这些部门发布的文件（表1）既对科技评估提出了要求，又为科技评估提供了制度保障，明确了科技评估的类型范围、组织管理、评估机构和人员、评估程序、责任等，推动了我国科技评估工作的发展。

表1　部门层面出台的部分科技评估制度文件（2019—2021年）

序号	文件名称	文号	发文单位
1	《关于组织开展科技成果评价改革试点工作的通知》	国科发政〔2021〕270号	科技部　教育部　财政部　人力资源和社会保障部　国家卫生健康委　国务院国资委　中国科学院　中国工程院　国家国防科工局　中国科协
2	《关于深化卫生专业技术人员职称制度的指导意见》	人社部发〔2021〕51号	人力资源和社会保障部　国家卫生健康委　中医药管理局
3	《新形势下加强基础研究若干重点举措》	国科办基〔2020〕38号	科技部　财政部　教育部　中国科学院　中国工程院　自然科学基金委
4	《加强"从0到1"基础研究工作方案》	国科发基〔2020〕46号	科技部　国家发展改革委　教育部　中国科学院　自然科学基金委
5	《关于进一步推进高等学校专业化技术转移机构建设发展的实施意见》	国科发区〔2020〕133号	科技部　教育部
6	《关于推进国家技术创新中心建设的总体方案（暂行）》	国科发区〔2020〕93号	科技部　财政部
7	《国家农业科技园区管理办法》	国科发农〔2020〕173号	科技部　农业农村部　水利部　国家林草局　中国科学院　中国农业银行
8	《中央财政科技计划（专项、基金等）绩效评估规范（试行）》	国科发监〔2020〕165号	科技部　财政部　国家发展改革委
9	《关于破除科技评价中"唯论文"不良导向的若干措施（试行）》	国科发监〔2020〕37号	科技部
10	《关于规范高等学校SCI论文相关指标使用　树立正确评价导向的若干意见》	教科技〔2020〕2号	教育部　科技部
11	《关于提升高等学校专利质量促进转化运用的若干意见》	教科技〔2020〕1号	教育部　国家知识产权局　科技部
12	《关于加强新时代高校教师队伍建设改革的指导意见》	教师〔2020〕10号	教育部　中央组织部　中央宣传部　财政部　人力资源和社会保障部　住房和城乡建设部
13	《关于加强新时代乡村教师队伍建设的意见》	教师〔2020〕5号	教育部　中央组织部　中央编办　国家发展改革委　财政部　人力资源和社会保障部

(续表)

序号	文件名称	文号	发文单位
14	《关于正确认识和规范使用高校人才称号的若干意见》	教人〔2020〕15号	教育部
15	《关于破除高校哲学社会科学研究评价中"唯论文"不良导向的若干意见》	教社科〔2020〕3号	教育部
16	《关于进一步加强和规范教育部工程研究中心运行管理的通知》	教科技厅函〔2020〕13号	教育部
17	《关于支持企业大力开展技能人才评价工作的通知》	人社厅发〔2020〕104号	人力资源和社会保障部
18	《关于进一步加强高技能人才与专业技术人才职业发展贯通的实施意见》	人社部〔2020〕96号	人力资源和社会保障部
19	《国家工程研究中心管理办法》	国家发展改革委令第34号（2020年）	国家发展改革委
20	《国家现代种业提升工程项目运行管理办法（试行）》	农种发〔2020〕1号	农业农村部
21	《自然资源部科技创新平台管理办法（试行）》	自然资办〔2020〕49号	自然资源部
22	《关于组织开展国家知识产权试点示范高校建设工作的通知》	国知办发运字〔2020〕8号	国家知识产权局　教育部
23	《关于扩大高校和科研院所科研相关自主权的若干意见》	国科发政〔2019〕260号	科技部　教育部　国家发展改革委　财政部　人力资源和社会保障部　中国科学院
24	《国家大学科技园管理办法》	国科发区〔2019〕117号	科技部　教育部
25	《关于促进国家大学科技园创新发展的指导意见》	国科发区〔2019〕116号	科技部　教育部
26	《关于进一步优化国家重点研发计划项目和资金管理的通知》	国科发资〔2019〕45号	科技部　财政部

（续表）

序号	文件名称	文号	发文单位
27	《关于促进新型研发机构发展的指导意见》	国科发政〔2019〕313号	科技部
28	《关于新时期支持科技型中小企业加快创新发展的若干政策措施》	国科发区〔2019〕268号	科技部
29	《关于进一步完善科学基金项目和资金管理的通知》	国科金发财〔2019〕31号	自然科学基金委　财政部
30	《深化新时代职业教育"双师型"教师队伍建设改革实施方案》	教师〔2019〕6号	教育部　国家发展改革委　财政部　人力资源和社会保障部
31	《教育部工程研究中心建设与运行管理办法》《教育部工程研究中心评估细则》	教技函〔2019〕71号	教育部
32	《前沿科学中心建设管理办法》	教技函〔2019〕57号	教育部
33	《中央引导地方科技发展资金管理办法》	财教〔2019〕129号	财政部　科技部
34	《国家科学技术奖励绩效评价暂行办法》	财教〔2019〕228号	财政部　科技部
35	《关于深化自然科学研究人员职称制度改革的指导意见》	人社部发〔2019〕40号	人力资源和社会保障部　科技部
36	《关于深化工程技术人才职称制度改革的指导意见》	人社部发〔2019〕16号	人力资源和社会保障部　工业和信息化部
37	《关于改革完善技能人才评价制度的意见》	人社部〔2019〕90号	人力资源和社会保障部

（一）综合性科技评估制度

综合性制度科技评估主要围绕建立健全和改进科技评估体系，推动科技评估工作科学化、规范化，提高科技活动实施效果和财政支出绩效等方面进行了规定。

2003年，科技部、教育部、中国科学院、中国工程院、自然科学基金委联合发布了《关于改进科学技术评价工作的决定》（国科发基字〔2003〕142号），随后，印发了《科学技术评价办法（试行）》（国科发基字〔2003〕308号）。2016年底，科技部、财政部、国家发展改革委三部门联合发布了《科技评估工作规定（试行）》（国科发政〔2016〕382号），明确了科技评估的内容和分类、组织实施、质量控制、评估结果与运用、能力建设和行为准则等，成为当前科技评估工作的基本遵循。2020年初，科技部、财政部联合制定了《关于破除科技评价中"唯论文"不良导向的若干措施（试行）》（国科发监〔2020〕37号），根据不同科技活动特点分类提出了评价重点和量化指标，突出可操作、可执行、可落地。

教育部出台了《教育部关于深化高等学校科技评价改革的意见》（教技〔2013〕3号）、《高等学校科技分类评价指标体系及评价要点》（教技委〔2014〕4号）等制度，规范教育领域科技评估工作。2020年，教育部、科技部联合制定了《关于规范高等学校SCI论文相关指标使用 树立正确评价导向的若干意见》（教科技〔2020〕2号），为破除"唯论文"打出系列"组合拳"，鼓励采取定性与定量相结合的综合评价方式，明确建立健全分类评价体系、完善学术同行评价、规范评价评审工作的要求，并针对SCI论文使用提出了负面清单。教育部印发《关于破除高校哲学社会科学研究评价中"唯论文"不良导向的若干意见》（教社科〔2020〕3号），明确提出10个"不得"，严格底线要求，优化评价方式。

财政部大力推进绩效评估，相关制度规范不断完善和细化，制定了《中央级民口科技计划（基金）经费绩效考评管理暂行办法》（财教〔2007〕145号）、《财政支出绩效评价管理暂行办法》（财预〔2011〕285号）、《预算绩效管理工作规划（2012—2015年）》（财预〔2012〕396号）、《县级财政支出管理绩效综合评价方案》《部门支出管理绩效综合评价方案》《预算绩效评价共性指标体系框架》（财预〔2013〕53号）等一系列制度文件。此外，财政部持续推进科技经费管理和评估工作，制定了《民口科技重大专项资金管理暂行办法》

（财教〔2009〕218号）、《国家科技重大专项（民口）资金管理办法》（财科教〔2017〕74号）等科技计划经费管理制度，规范和加强中央财政科技经费的管理，要求在项目预算评估评审、中期专项财务检查或评估、项目完成后财务审计与财务验收时，要对科研经费的分配与使用情况开展评估。

（二）科技项目评估相关制度

科技项目评估相关制度围绕坚持分类评价、注重项目质量和结果、建立非共识项目的评价机制、强化项目绩效评估及其结果应用提出要求。

2002—2019年，科技部制定或联合相关部门制定了《国家科研计划课题评估评审暂行办法》（国科发财字〔2002〕165号）、《国家科技计划项目评估评审行为准则与督查办法》（科学技术部令第7号 2003年1月）、《科技部科技计划课题预算评估评审规范》（国科发财字〔2006〕99号）、《科技部科技计划课题预算评估评审实施细则（暂行）》（国科发财字〔2006〕405号）、《关于进一步优化国家重点研发计划项目和资金管理的通知》（国科发资〔2019〕45号）等一系列评估评审规范，并在各项科技计划管理制度中体现了评估的要求。2020年2月，科技部等五部门联合印发了《加强"从0到1"基础研究工作方案》（国科发基〔2020〕46号），提出基础研究项目重点评价新发现、新原理、新方法、新规律的原创性和科学价值，注重评价代表性成果水平；应用基础研究项目重点评价解决经济社会发展和国家安全重大需求中关键科学问题的效能和应用价值。随后，科技部等六部门制定了《新形势下加强基础研究若干重点举措》（国科办基〔2020〕38号），提出改革项目形成机制和实施管理，推行评审专家责任机制，强化"小同行"评审，推进评审活动国际化。2020年6月，科技部联合财政部、国家发展改革委制定了《中央财政科技计划（专项、基金等）绩效评估规范（试行）》（国科发监〔2020〕165号），对五大类中央财政科技计划（专项、基金等）及其项目的绩效评估提出要求，明确了各方职责，规范了评估的工作程序，提出了科技计划的目标定位、组织管理与实施、目标完成情况与效果影响等评估基本内容。

在《国家自然科学基金管理条例》的指导下，自然科学基金委针对基金管理制定了一系列较为完备的制度文件，包括《国家自然科学基金面上项目管理办法》《国家自然科学基金重点项目管理办法》《国家自然科学基金重大项目管理办法》《国家自然科学基金项目资助经费管理办法》《国家自然科学基金委员会学科评审组组建试行办法》等，规范了基金项目评估组织管理、评估内容和方法、评估结果应用、评估专家制度等方面的内容。自然科学基金委、财政部联合发布《关于进一步完善科学基金项目和资金管理的通知》（国科金发财〔2019〕31号），提出加强自然科学基金项目绩效管理，分类设置绩效指标体系，强化绩效目标管理，突出代表性成果和项目实施效果评价，以国际国内同行评议为主，年终决算时组织开展绩效自评，加强绩效评价结果应用，将评价结果作为后续各类型项目资助调整的重要依据。

教育部结合其科研项目特点，制定了《教育部科学技术研究项目管理办法》（教技〔2003〕1号）、《教育部科学技术研究项目评优实施细则》。

中国工程院制定了《中国工程院咨询研究项目暂行管理办法》（2015年12月）、《中国工程院咨询研究项目管理办法》（2017年5月）、《中国工程院战略研究与咨询项目管理实施细则》（中工发〔2020〕50号）。

财政部印发《中央引导地方科技发展资金管理办法》（财教〔2019〕129号），明确了地方各级财政、科技部门要建立健全全过程预算绩效管理机制，提高引导资金使用效益。

农业农村部制定了《农业财政项目绩效评价规范》和《农业部财政项目绩效评价工作规程（试行）》（农办财〔2012〕7号）、《国家现代种业提升工程项目运行管理办法（试行）》（农种发〔2020〕1号）。

环保部[①]制定了《环保科研项目绩效考评管理暂行办法》《环保科研项目评估评审行为管理暂行办法》（环科函〔2009〕24号）、《公益性行业科研专

---

① 现生态环境部。

项经费环保项目验收规范（试行）》（环科函〔2011〕1号）。

国家海洋局制定了《海洋公益性行业科研专项经费项目立项程序》《海洋公益性行业科研专项经费项目验收细则》。

中国气象局制定了《公益性行业（气象）科研专项管理办法》（气发〔2012〕57号）等制度文件。

（三）科技人才评估相关制度

科技人才评价相关制度围绕创新价值、能力、贡献导向，坚持"破四唯"和"立新标"并举并提出要求。

科技部推进科技人才评价改革，构建以信任为前提、激励和约束并重的人才政策体系，坚持用解决经济社会发展和科技进步重大问题的实效来进行评价，注重科研人员的能力、质量、实效和贡献，着力减轻科研人员负担，营造良好的学术生态环境。2020年，科技部联合相关部门发布的《加强"从0到1"基础研究工作方案》（国科发基〔2020〕46号）、《新形势下加强基础研究若干重点举措》（国科办基〔2020〕38号）中提出创新人才评价机制，推行代表作评价制度，尊重和认可团队所有参与者的实际贡献，注重评价代表作的科学水平和学术贡献，让论文回归学术。2022年，科技部等八部门印发《关于开展科技人才评价改革试点的工作方案》（国科发才〔2022〕255号），旨在通过2年试点探索形成各创新活动类型的科技人才分类评价指标和评价方式，使科技人才发现、培养、使用、激励的评价机制更加完善。

教育部制定或联合相关部门制定了《关于正确认识和规范使用高校人才称号的若干意见》（教人〔2020〕15号）、《关于加强新时代高校教师队伍建设改革的指导意见》（教师〔2020〕10号）等文件，提出一系列评价改革举措，包括将师德师风、工匠精神、技术技能和教育教学实绩作为职称评聘的主要依据，引入社会评价机制，提高教育教学实绩的评价权重，根据不同学科、不同岗位特点，分类设置职称评价指标等。

人力资源和社会保障部积极推进职称评价制度改革，制定或联合相关部门制定了《关于深化工程技术人才职称制度改革的指导意见》（人社部发〔2019〕16号）、《关于深化自然科学研究人员职称制度改革的指导意见》（人社部发〔2019〕40号）、《关于深化卫生专业技术人员职称制度的指导意见》（人社部发〔2021〕51号）等一系列职称改革制度，在健全评价体系、优化评价标准、创新评价机制等方面提出了针对性的改革举措，为科学评价各类人才专业能力提供了制度保障。在技能人才评价制度改革中，《关于改革完善技能人才评价制度的意见》（人社部发〔2019〕90号）要求根据不同类型技能人才的工作特点，实行差别化技能评价、建立职业技能等级制度，完善评价内容和方式，突出品德、能力和业绩评价。《关于支持企业大力开展技能人才评价工作的通知》（人社厅发〔2020〕104号）提出按照"谁用人、谁评价、谁发证、谁负责"的原则，支持各级各类企业自主开展技能人才评价工作。《关于进一步加强高技能人才与专业技术人才职业发展贯通的实施意见》（人社部发〔2020〕96号）提出强化技术技能贡献，突出工作业绩，创新高技能人才职称评价机制，加强评价制度与用人制度衔接。

（四）科研机构评估相关制度

科研机构评估相关制度围绕建立以科技创新绩效为核心的中长期绩效评估机制提出要求。

科技部制定了《国家重点实验室评估规则》（国科发基〔2008〕731号）、《国家级示范生产力促进中心绩效评价工作细则》（国科办高〔2011〕39号）。2019年4月，科技部、教育部联合印发《关于促进国家大学科技园创新发展的指导意见》（国科发区〔2019〕116号）、《国家大学科技园管理办法》（国科发区〔2019〕117号），提出实行国家大学科技园分类指导与考核评价，形成"优胜劣汰"的动态管理机制，开展科研设施与仪器开放共享评价考核，建立服务绩效评价与补助机制。2019年7月，科技部等六部门联合制定了《关于扩大高校和科研院所科研相关自主权的若干意见》（国科发政〔2019〕260号），提出"对高校和科研院所实行中长期绩效管理和评价考核",将评价结果作为单位财政拨款、科技创新基地建设、领导人员考评奖励、绩效工资总量核定、编制调整等的重要依据。2019年8月,科技部印发《关于新时期支持科技型中小企业加快创新发展的若干政策措施》(国科发区〔2019〕268号),提出要完善科技型中小企业评价办法。2019年9月,科技部印发《关于促进新型研发机构发展的指导意见》(国科发政〔2019〕313号),提出新型研发机构应建立分类评价体系,围绕科学研究、技术创新和研发服务等,科学合理设置评价指标,突出创新质量和贡献,注重发挥用户评价作用。2020年3月,科技部、财政部联合制定了《关于推进国家技术创新中心建设的总体方案(暂行)》(国科发区〔2020〕93号),提出强化绩效评价,建立科学的评价指标体系,以创新能力、服务绩效为评价重点,以有关客观数据和材料为主要评价依据,健全有进有出的动态调整机制。2020年5月,科技部、教育部联合印发的《关于进一步推进高等学校专业化技术转移机构建设发展的实施意见》(国科发区〔2020〕133号)要求高校建立技术转移机构绩效评价办法,健全专利申请前评估制度和面向转化应用的科技成果评价机制。2020年7月,科技部联合农业农村部等修订发布了《国家农业科技园区管理办法》(国科发农〔2020〕173号),提出对园区创新能力进行全面监测和评价,根据评价结果和区域发展需求进行针对性指导。

中国科学院制定了《关于改革科技评价,建立重大产出导向研究所评价体系的决定》(科发规字〔2012〕40号),旨在摒弃数量评价和单纯的论文导向,充分发挥科技评价的价值导向作用、诊断作用和衡量作用,进而带动资源配置、项目管理、人事管理等方面的改革。

教育部印发《教育部重点实验室建设与运行管理办法》和《教育部重点实验室评估规则(2015年修订)》(教技〔2015〕3号),进一步规范和加强实验室建设和运行管理。教育部印发《前沿科学中心建设管理办法》(教技函〔2019〕57号),要求对前沿科学中心进行定期评估,委托独立第三方组织国内外专家开展,并根据检查情况、评估结果动态调整对中心的支持力度。教育部印发《教育部工程研究中心建设与运行管理办法》《教育部工程研究中心评估细则》（教技函〔2019〕71号）、《关于进一步加强和规范教育部工程研究中心运行管理的通知》（教科技厅函〔2020〕13号），要求按照相近研究领域对工程中心进行定期评估。

国家发展改革委出台了《国家工程研究中心管理办法》（2020年第34号令），提出了对国家工程研究中心每3年一次的运行评价的制度要求，规范了申报、组建、评价等管理行为，同时，废止了《国家工程研究中心管理办法》（2007年第52号令）和《国家工程实验室管理办法（试行）》（2007年第54号令）。

自然资源部印发《自然资源部科技创新平台管理办法（试行）》（自然资办发〔2020〕49号），提出原则上每3~5年对科技创新平台整体运行状况进行综合评估，主要评估内容包括支撑服务自然资源事业发展的创新能力、人才队伍建设、成果转化产业化、运行管理等方面。

（五）科技奖励和成果评估相关制度

科技部等十部门印发《关于组织开展科技成果评价改革试点工作的通知》（国科发政〔2021〕270号），联合启动科技成果评价改革试点工作，选择不同类型单位和地方开展有针对性的改革试点，推动科技成果评价观念转变、方式方法创新和体制机制改革，探索简化实用的科技成果评价规范和流程。

教育部、国家知识产权局、科技部联合印发了《关于提升高等学校专利质量 促进转化运用的若干意见》（教科技〔2020〕1号），引导高校逐步完善知识产权管理体系，开展专利申请前评估，优化考核评价体系，着力提升专利质量，促进转化运用。

国家知识产权局、教育部联合发布《关于组织开展国家知识产权试点示范高校建设工作的通知》（国知办发运字〔2020〕8号），提出建立知识产权质量管控和转化评估机制。在技术交底、代理沟通、申请提交、保护维权等环节建立质量评价反馈机制，大力提升高校知识产权能力和水平。

财政部、科技部联合制定了《国家科学技术奖励绩效评价暂行办法》（财教〔2019〕228号），要求绩效评价坚持目标导向和结果导向相结合，遵循科学、规范、高效的原则，坚持定量评价和定性评价相结合、自评和他评相结合，综合运用问卷调查、数据分析、专家咨询、调研座谈、案例和关键指标分析等方法开展。

三、地方出台的科技评估制度

进入21世纪以来，大多数地方制定了适应地方特点的各具特色的评估制度。其中，地方科技管理部门更加聚焦于科技计划和项目管理，地方财政管理部门则更关注科技资金投入、过程管理和项目绩效。近年来，各地方主要围绕"三评"改革、破除"唯论文"导向、科技计划和项目评估，科技人才分类评估、科研机构基地评估等方面加快建章立制。

（一）综合性科技评估制度

为贯彻落实国家"三评"改革要求，近些年已有多地围绕如何在项目评审、人才评价、机构评估改革中建立科学、规范、高效、诚信的科技评估体系出台了具体的指导意见或实施方案，包括河北省、江苏省、浙江省、山东省、四川省、陕西省、新疆维吾尔自治区、宁夏回族自治区等（表2）。各地依据地方科技管理实际情况，明确科技评估改革方向，提出了一些具体举措。江苏省提出建立项目成果分类评价机制，突出代表性成果和项目实施效果的评价，对提交评价的论文、专利做数量限制；要求制定发布全省人才评价分类指导目录，按照社会和业内认可的要求，建立以同行评价为基础的多元评价机制。浙江省将"三评"改革与提升科研绩效政策相结合，在浙江大学、西湖大学、之江实验室等高校、科研院所和新型研发机构开展科技计划改革试点，由试点单位提出一揽子科研项目实施和创新平台建设计划，明确目标任务和预期成果，期满后组织评价验收。山东省在改革制度中明确了各项实施内容的责任部门，为推进改革措施落实落地奠定基础；根据科研院所科研活动类型，分别建立评价指标体系，其中公益一类重点考核科技产出、公益服务等情况，公益二类、三类重点考核创新效益、技术服务等情况。四川省明确了评价改革的责任分工与实施重点任务，提出完善科技人才评价管理与服务的具体措施，促进与科研项目评审的有机结合，引导科技社会团体落实改革精神。

部分地方出台相关实施方案或实施意见（表2），破除过度重视论文数量、影响因子而忽视标志性成果质量和创新实效等的不良导向，按照分类评价、注重实效的原则对项目评价、科研机构评估、奖励评审、人才评选等提出要求，突出不同类别的评价重点。辽宁省提出了培育高质量科技期刊，建立破除"唯论文"导向的资金管理措施，从严控制论文资助范围，从紧管理论文发表支出。吉林省提出让论文回归"初心"，加强分类评价，提高高质量成果的评价权重，明确了基础研究类项目的论文代表作制度，提出了加强论文列支管理、鼓励发表"三类高质量论文"、完善学术同行评议机制、实行期刊目录动态管理等措施。江苏省提出了破除省科技计划项目、省科技基础设施建设、省科技奖励等评价中"唯论文"不良导向的八项具体举措。福建省提出对引才引智计划人才要注重实际工作履历、科技能力和岗位贡献以及对提升相关领域科技水平的潜在价值，不把论文作为主要的评价依据和考核指标，提出了完善学术期刊预警机制和规范论文发表支出管理的具体措施。

表2 部分地方发布的落实"三评"改革意见、"破四唯"相关制度（2019—2021年）

制度类型	发文省（直辖市、自治区）	文件名称和文号
落实"三评"改革	河北省	《关于深化项目评审、人才评价、机构评估改革的意见》（冀办发〔2019〕1号）
	江苏省	《关于深化项目评审、人才评价、机构评估改革的实施方案》（苏办发〔2019〕31号）

（续表）

制度类型	发文省（直辖市、自治区）	文件名称和文号
落实"三评"改革	浙江省	《关于深化项目评审人才评价机构评估改革提升科研绩效的实施意见》（浙委办发〔2019〕51号）
	山东省	《关于深化项目评审、人才评价、机构评估改革的实施意见》（鲁政办发〔2019〕21号）
	四川省	《关于印发四川省深化科研项目评审改革实施方案等三个专项改革方案的通知》（川办发〔2019〕61号）
	陕西省	《关于进一步深化项目评审、人才评价、机构评估改革的实施方案》（陕政办发〔2020〕12号）
	宁夏回族自治区	《深化自治区项目评审、人才评价、机构评估改革实施意见》（宁党办〔2019〕101号）
	新疆维吾尔自治区	《关于深化项目评审、人才评价、机构评估改革的实施意见》（新党办发〔2019〕22号）
落实"破四唯"	辽宁省	《关于破除科技评价中"唯论文"不良导向的实施意见（试行）》（辽科发〔2020〕18号）
	吉林省	《吉林省科技厅落实在科技评价中破除"唯论文"不良导向的实施方案（试行）》
	江苏省	《关于改进科技评价破除"唯论文"不良导向的若干措施（试行）》（苏科监发〔2020〕135号）
	福建省	《关于破除科技评价中"唯论文"不良导向的若干措施（试行）》（闽科监〔2020〕1号）

（二）科技计划和项目评估相关制度

河北省、上海市、浙江省、山东省、海南省、重庆市、云南省、广州市等均出台了科技计划项目管理和评估的办法（表3），如《河北省省级科技计划项目管理办法》（冀科规〔2020〕1号）、《上海市科技计划项目综合绩效评价工作规范（试行）》（沪科规〔2019〕11号）、《浙江省重点研发计划暂行管理办法》《关于进一步完善省级科技计划体系创新科技资源配置机制的改革方案（试行）》（浙科发规〔2019〕110号）、《山东省重点研发计划（软科学项目）实施细则》（鲁科字〔2020〕77号）、《关于印发山东省重大科技创新工程项目管理暂行办法的通知》（鲁科字〔2020〕44号）、《海南省优化科研管理提升科研绩效若干措施》（琼府〔2019〕22号）、《重庆市科技计划绩效评价暂行办法》（渝科局发〔2019〕130号）、《云南省科技厅科技计划项目管理办法》（云科规〔2019〕3号）、《广州市科技计划项目管理办法》（穗科规字〔2019〕3号）等。这些制度提出在科技计划项目管理中建立健全绩效评价机制，将强化项目绩效评价的要求嵌入科技项目立项、实施、验收管理等各流程，推动项目成果的评价验收与绩效评估，指引各类项目评估工作的开展。

（三）科技人才评估相关制度

山东省和重庆市针对科技人才评估制定了具体的实施办法（表3）。山东省出台《关于分类推进人才评价机制改革的实施意见》（鲁人社发〔2019〕29号），将人才分为基础研究人才、技术创新人才、企业经营管理人才、创业人才和技能人才5类并分别设置评价指标。《重庆市科技人才分类评价实施方案》（渝科局发〔2019〕58号）将科技人才分为基础研究人才、应用研究与技术开发人才、社会公益研究、科技管理服务和实验技术人才5类并明确各类评价标准与方式。

（四）科研机构评估相关制度

河北省、上海市、山东省、河南省等地不断健全科研机构和创新基地评估管理制度（表3）。《河北省技术创新中心绩效评估办法（试行）》（冀科平规〔2019〕2号）、《河北省重点实验室绩效评估办法（试行）》（冀科平规〔2019〕1号）、《上海市重点实验室建设与运行管理办法》（沪科规〔2019〕5号）、《山东省技术创新中心绩效评价办法》《山东省省属科研院所创新绩效分类评价办法》（鲁科字〔2020〕97号）、《山东省新型研发机构绩效评价办法》（鲁科字〔2021〕11号）、《河南省新型研发机构备案和绩效评价管理办法（试行）》（豫科〔2019〕10号）等文件进一步规范了科研机构建设与运行绩效评估制度，明确评估规则与要求，提出分类设立指标体系和评价重点，突出创新质量和实际贡献，推进科研机构基地评估标准化、规范化建设。

表3 部分地方发布的科技计划、项目、人才、机构评估的相关制度（2019—2021年）

发文省市	文件名称	文号
河北省	《河北省省级科技计划项目管理办法》	冀科规〔2020〕1号
	《河北省技术创新中心绩效评估办法（试行）》	冀科平规〔2019〕2号
	《河北省重点实验室绩效评估办法（试行）》	冀科平规〔2019〕1号
上海市	《上海市财政项目支出预算绩效管理办法》	沪财绩〔2020〕6号
	《上海市科技计划项目综合绩效评价工作规范（试行）》	沪科规〔2019〕11号
	《上海市重点实验室建设与运行管理办法》	沪科规〔2019〕7号
浙江省	《浙江省重点研发计划暂行管理办法》《关于进一步完善省级科技计划体系创新科技资源配置机制的改革方案（试行）》	浙科发规〔2019〕110号
山东省	《山东省新型研发机构绩效评价办法》	鲁科字〔2021〕11号
	《山东省技术创新中心绩效评价办法》	—
	《山东省省属科研院所创新绩效分类评价办法》	鲁科字〔2020〕97号
	《山东省重点研发计划（软科学项目）实施细则》	鲁科字〔2020〕77号
	《关于印发山东省重大科技创新工程项目管理暂行办法的通知》	鲁科字〔2020〕44号
	《关于分类推进人才评价机制改革的实施意见》	鲁人社发〔2019〕29号
河南省	《河南省新型研发机构备案和绩效评价管理办法（试行）》	豫科〔2019〕10号
海南省	《海南省优化科研管理提升科研绩效若干措施》	琼府〔2019〕22号
重庆市	《重庆市科技计划绩效评价暂行办法》	渝科局发〔2019〕130号
	《重庆市科技人才分类评价实施方案》	渝科局发〔2019〕58号
云南省	《云南省科技厅科技计划项目管理办法》	云科规〔2019〕3号
广州市	《广州市财政局 广州市科学技术局 广州市审计局关于市级财政科研项目资金绩效提升和管理监督办法》	穗财规字〔2019〕6号
	《广州市科技计划项目管理办法》	穗科规字〔2019〕3号

四、社会各方的科技评估制度规范

我国科技评估活动向着更加专业化、社会化的方向发展,各类评估机构、学术团体、科研机构等结合各具特色的评估实践,研究制定了大量的与各自评估活动相适应的评估规范、指南、手册和管理办法,指导和规范了各类评估活动,大大丰富了科技评估制度体系。

(一)专业评估机构相关规范和手册

专业评估机构是从事科技评估活动的核心力量。在科技评估长期实践中,评估机构不断研究探索科技评估方法,并制定评估相关规范或手册,其中多针对某一类评估对象或一项评估任务的评估手册,涉及科技政策、计划、项目、经费预算、机构评估等。这些评估手册得到评估委托者或政府相关管理部门的认可,是政府管理部门制定相应制度规范的重要基础。例如,20 世纪 90 年代末国家科技评估中心研究制定了《国家重点基础研究发展计划项目预算评估手册》,用于规范和指导"973 计划"预算评估工作,并在长期实践过程中不断丰富、完善和推广至其他科技计划的预算评估活动。在此基础上,2006 年,科技部制定并发布了《科技部科技计划课题预算评估评审规范》和《科技部科技计划课题预算评审实施细则(暂行)》。

(二)社会团体相关制度规范

各类学会、协会等社会团体的科技评估活动日趋活跃,结合评估活动制定了相应的制度规范。中国科协重视科技评价工作,积极组织开展相关研究和实践,成立了中国科协创新评估指导委员会,制定相关制度规范,明确评估方向和重点。形成了《全国学会科技评价专业资质认证标准》并推动下属机构参与评估工作,在科研环境评估、人才计划评选、科技期刊评价、科普示范基地评价、科技政策评估、技术标准和科技成果评估、技术职称和资格认证等方面积极开展评估实践，出台了相应规范以指导评估工作。

（三）基层单位相关管理办法

各类科研院所、高校和企业，作为科技活动的执行者、基层管理者和评估者，制定了大量与评估有关的制度规范，形成机构内的管理办法或评估标准，涉及人才评价、科研项目评估、机构基地评估等。这些文件通常具有针对性强、一事一议、便于实际操作等特点，其中有些是为了落实和细化上级管理部门的相关要求，有些则是从自身管理需求出发制定的。清华大学发布《清华大学关于完善学术评价制度的若干意见》（2019年4月），明确提出了建立重师德师风、重真才实学、重质量贡献的评价导向，强调发挥学术共同体在学术标准制定和学术评价过程中的作用，突出代表性成果在学术评价中的重要性，推动形成优良的学术文化。中国农业大学制定《中国农业大学科研评价改革工作方案》，全面部署"双一流"和学科评价、科技成果评价、人才培养评价、社会服务评价等工作。

人才评价被广泛关注和重视，大量科研院所、高校大胆探索，努力尝试，在人员聘任、职称职级评定、绩效分配、目标任务考核等关键环节打出政策"组合拳"，采取一系列实招、硬招释放科研人员活力。中国科学院数学与系统科学研究院制定了《中国科学院数学与系统科学研究院科研岗位四年考核管理办法》（数发〔2019〕32号）、《中国科学院数学与系统科学研究院科研岗位晋升工作实施办法》（数发〔2019〕49号）。中国科学院宁波材料技术与工程研究所对从事基础研究、应用研究和工程化研究的人才制定分类评价标准。中国科学院上海药物所推动解决科研人员分类评价问题、新药研发人员"学术晋升"通道问题、内部人才培养的"玻璃天花板"问题。广东省科学院制定《广东省科学院研究所绩效评价办法》，支持研究所重视突出综合创新能力的关键指标，对高层次人才探索实行市场化薪酬；制定《广东省科学院院属单位自然科学研究及工程技术系列高级职称评审工作的指导意见》，优化职称评审程序，在符合条件的学科（专业）范围内自主组织高级职称评审，对符合条件的人才开辟高级职称评审绿色通道。山东省农业科学院出台破除"四唯"十条意见，突出科学精神、创新质量、服务贡献，引导科研人员树立正确的科研价值观。安徽省农业科学院出台《关于进一步完善职称评聘工作的若干意见》（皖农科〔2019〕39号），优化职称自主评审。江苏省农业科学院修订了《江苏省农业科学院重大科研业绩奖励办法（2020年修订版）》。重庆市中药研究院制定了《重庆市中药研究院科研绩效量化积分办法》优化科研绩效、科研人员考核评价。北京航空航天大学围绕科学构建教师队伍分系列发展与评价体系展开了积极的探索和实践，出台《北京航空航天大学教师队伍分系列发展与评价总体方案》和《北京航空航天大学职称评审办法（试行）》。南京大学在制度中明确"不唯论文和影响因子"，创新性成果也可评教授。武汉大学优化院系、学部、学校三级评审组织功能定位，建立以学部为主导、竞争择优的评价模式。南京航空航天大学对职称评价标准及评价方式进行改革。大连海事大学先后印发了《大连海事大学2021—2024年聘期教授二、三级岗位基本条件》《大连海事大学实验技术系列职务基本任职条件》等制度。天津工业大学制定了《天津工业大学专业技术职务首次聘任工作实施办法及申报条件》（津工大〔2019〕251号），修订了《天津工业大学校评高级专业技术职务实施办法（2020年修订）》（津工大〔2020〕95号）。鹏城实验室制定《鹏城实验室章程》《鹏城实验室理事会章程》《鹏城实验室学术委员会章程》《鹏城实验室战略咨询委员会章程》，建立项目差异化分类的科研管理机制、符合科研规律、分类考核的人才评价机制、"里程碑"式的项目中长期绩效评估机制。

在科研项目管理和评价中，国家合成生物技术创新中心制定出台了《国家合成生物技术创新中心天津财政科研项目资金管理暂行办法》，赋予创新中心项目组织自主权和财政经费使用管理自主权。湖北医药学院制定《湖北医药学院横向科研项目管理实施细则》《湖北医药学院科研助理管理暂行办法》，多措并举推动科研项目高质量成果的产出。

在机构评价中，中国农业科学院相继制定出台《中国农业科学院科技创新工程绩效管理办法（试行）》和《中国农业科学院科技创新工程绩效管理实施细则》，院属 33 个研究所则根据总体要求分别制定了相应的配套管理办法，逐步建立了以提升科技创新能力和提高财政资金使用绩效为目标、以促进科研产出和科技贡献为导向的绩效管理机制。

五、科技评估制度建设展望

近年来，我国科技评估制度作为科技创新治理的基础性制度，随着科技体制改革进程的深入而不断健全。面向未来，应构建主线突出、结构合理、相互协调、内容丰富、科学有效的全国科技评估政策体系，指导、规范和保障科技评估更好发展。

（一）构建统筹、联动、高效的科技评估制度体系

当前，一些长期影响科技评估导向、影响改革落地的关键性问题依然普遍存在。其中，政策不协调、不衔接、不配套的情况直接影响政策实施效果和改革整体进展。下一步，应加强政策制定的协同联动，做好顶层设计，统筹科技评估建章立制工作，推动建立覆盖各类、各层次、全要素、全过程的评估制度体系。优化资源配置方式和科研组织形式，建立对科研机构的中长期绩效评价制度，变短期、碎片化的项目评审为中长期、周期性、绩效评价为主导的科研机构评估，将绩效评价结果与资源配置、机构撤并改等挂钩形成闭环。做好各部门、各地方之间，政府、学术共同体、社会之间评估活动的分工与合作，实现评估活动的统筹安排，各有侧重、结果共享。

（二）"破立并举"，健全分类评价、同行评价、长周期评价等举措性制度

科技评价改革系统性强、利益关系复杂、涉及范围广、改革传导周期长，当前部分地方、单位对改革的落实还停留在文件上、没有落实到行动

中。下一步，应坚持"破立并举"，加强制度设计的科学合理性和可操作性，赋予高校院所及其二级单位在职称评审、岗位设置中更多自主权，推动其考虑学科差异和特点，根据细分专业领域分别制定相应的科技人才评价指标。充分发挥学术共同体的作用，研究制定同行评价操作指引，规范同行评价专家的遴选、同行评价的方式和程序、评价意见反馈等行为，不断提升同行评价质量和水平，引导学术界形成以科技创新质量、绩效、贡献为导向的普遍共识。在科研机构长效考评的基础上，建立与之相适应的科研人员长周期评价和稳定投入机制，支持科研人员潜心研究、探索创新。

（三）重视对制度的解读和培训，正确引导各方落实

面对新形势新要求，各地方、各单位基于实践需求因地制宜，发布了一系列规范自身评估主要业务开展的文件，但目前，依然存在对国家、部门相关制度要求和改革精神领会不到位、不及时的问题，导致所制定的内部制度存在针对性不强、不细化、不好操作、不全面系统和进度滞后的情况，对于落实改革要求形成一定壁垒。建议有关部门加强对重要制度文件的解读和培训，通过新闻发布会、政策问答、媒体专访、线上培训平台等不同形式进行充分详细的宣传解读，鼓励相关研发机构、评估机构和专家结合研究成果和评估实践，对科技评估制度文件进行研究分析、解读和宣传，开展形式多样的研讨、交流和宣传培训活动，正确引导各相关方及时准确、全面深入地把握政策内涵，研究制定出既符合党中央最新指示精神又符合自身实际的配套文件，推动各地落实落地国家改革精神。

第三章
科技评估理论与方法[1]

科技评估的概念由我国提出，在国际上并不存在这一概念，因此在讨论科技评估理论时，首先要明确科技评估理论的内涵[2]。科技评估理论是一般评估理论在科技领域的应用，科技评估理论需要随着实践的积累形成共识，在评估情景和方法上体现科技活动的特点。评估理论是评估研究的前沿和难点问题，本章介绍了国内外评估理论研究文献的一些观点。此外，评估界在开展大量评估实践的同时，一直致力于探索科学有效的科技评估方法。国内外学者研究总结了科技评估中使用的方法，本章也将这些评估方法予以介绍，供国内评估人员参考使用。

---

[1] 本章编写人员：陶蕊、林丽、徐芳、程燕林、张佳、王淼。
[2] 国际上多使用"研究、技术和开发评估（RTD Evaluation）"或者"科学、技术和创新评估（STI Evaluation）"等词语，较少使用"科技评估"一词。鉴于我国的使用习惯，此处以"科技评估"代表相关领域的评估活动。

一、科技评估理论

（一）国外评估理论研究

评估是一门实践性学科。Kurt Lewin 认为，好的理论恰恰最有实践价值[①]；也有学者认为，好的实践是最具理论意义的[②]。理想的评估理论应该能够描述和评判为什么某种评估实践能够在评估者面对的环境条件下获得特定的结果。

1. 评估理论的内涵

国际上有关评估理论有两种观点。Shadish，Cook 和 Leviton 认为，评估理论告诉我们何时、何地、何因应该使用何种方法进行评估，评估理论就像军事策略和战术，而评估方法就像军事武器和勤务，社会秩序/计划、知识结构、价值判断、知识使用、评估实践5个基本议题是实践性评估理论的底层支撑。Alkin 则认为，方法、价值判断和使用是评估理论的3个要素，他提出规范性和描述性两个模型来解释评估理论的内涵。其中，规范性模型，即一套规则、规定和指导框架，规定什么是好的或合适的评估，以及应该如何评估；描述性模型，即一组描述、预测或解释评估活动的陈述或概括[③]。

2. 评估理论的分类

Fournier 将评估理论分为普适评估理论和特定评估理论。普适评估理论，也就是评估的元理论，是研究评估本身的一些属性和特征，而不关注具

[①] LEWIN K. Field theory in social science: selected theoretical papers[R]. London, UK: Tavistock, 1952.
[②] KING J A. Evaluation Theory: who needs it?[EB/OL]. (2014-11-03)[2020-05-01]. https://www.cehd.umn.edu/OLPD/MESI/spring/2014/King-Theory.pdf.
[③] ALKIN M C. Evaluation theory development[J]. Evaluation Coment, 1969, 2: 2-7.

体的事件、时间、空间等因素，不涉及评估的具体情景和对象①。特定的评估理论，除了关注元理论的特性之外，还会关注具体的评估情景，涉及评估对象、范围、目标、时间等要素，研究评估在具体情境中的特征和属性。

Alkin 提出了"评估理论树"概念②③，从根基和主要分支角度阐述评估理论。他认为评估的根基包括社会责任（social accountability）、社会调查（socail inquiry）和认识论（epistemology）。其中，社会责任旨在改善项目和社会的制度，是评估的根本目的；社会调查是使用一套系统的、合理的方法来确定责任，是在不同社会环境中对个体或群体行为的系统研究；认识论是作者后来加入的理论根基，认识论是区分不同评估流派的主要原则；社会责任提供了基本原理，社会调查建立了评估模型，认识论帮助对评估进行溯源。评估的主要分支包括方法（methods）、价值判断（valuing）和使用（use）3 个分支。其中，"方法"分支是以评估方法作为研究对象，主要致力于处理获得普遍性的知识或进行知识构建，关注如何更好地获取信息和知识；"价值判断"分支确立了评估人员的作用，关注如何运用评估获得的证据对评估对象进行价值判断；"使用"分支专注于评估和决策的方向，重点研究评估信息如何使用以及评估信息的使用对象。

另外，Guba 和 Lincoln 提出了"时代模式"分类体系，包括第一代评估——测量、第二代评估——描述、第三代评估——判断和第四代评估——协商；Fitzpatrick、Sanders 和 Worthen 提出了"运用模式"的分类方式，包括目标导向、管理导向、顾客导向、专家导向和参与式等模式；Stockman 和 Meyer 提出"功能模式"分类，包括与人与政治领域及与专业领域等相关的分类④。

---

① DEBORAH M F. Establishing evaluative conclusions: A distinction between general and working logic[EB/OL]. (1995-12-01) [2019-10-08]. https://www.onlinelibrary.wilry.com/doi/abs/10.1002/ev.1017.
② ALKIN M C. A guide for evaluation decision markers[R].Thousand Oaks，CA: Sage, 1985.
③ ALKIN M C. Evaluation roots: Tracing theorists'views and influences[R]. Thousand Oaks, CA: Sage, 2004.
④ 赖因哈德·施拖克曼，沃尔夫冈·梅耶. 评估学［M］. 唐以志，译. 北京：人民出版社，2012.

3. 基于理论的评估

William R.Shadish 将相关文献中涉及的评估理论进行了总结，除常见的计划理论、逻辑模型、变革理论、理论导向的评估等评估理论外，还有政策理论、计划过程理论、计划影响理论、干预机制理论、计划逻辑、日志框架、政策变化理论、政策过程理论和社会科学理论等[①]。受对象、环境、相关方、委托人等多种因素的影响，评估人员需要根据角色、定位，以及评估的具体情况来灵活运用评估理论。由于国外评估理论的形式和概念较多，本节重点介绍理论为基础的评估及相关的几个概念。

以理论为基础的评估（theory-based evaluation）：Weiss 在 1995 年发表的文章第一次提出"理论为基础的评估"概念，认为当随机对照试验不可行的时候，理论为基础的评估能够增加评估的效力。理论为基础的评估中的"理论"主要指计划理论，还有很多其他的提法，如评估人员熟悉的变革理论、逻辑模型、理论指导的评估等[②]。该理论强调在评估概念和实操时有一个明确的理论或模型用以理解计划的内在因果关系，理解预期的和观察到的计划成果是如何实现的，评估是在这一理论或模型的指导下开展的。以下对几个相关的评估理论概念进行介绍。

（1）计划理论（program theory）。计划理论是对一项计划的运行情况进行较为系统和客观的分析，它提供了一个有逻辑的、合理的解释来说明为什么计划会成功，区分因没做好导致的失败还是因理论行不通而导致的失败。建立计划理论需要回答三个问题：① 如果计划提供了一项活动，那么对参与者来说实际的结果应该是什么；② 为什么你认为这个活动会导致这个结果；③ 有什么证据证明这个活动会导致这个结果。计划理论可以在计划运

---

① SHADISH W R. Evaluation Theory is Who We Are[J]. American Journal of Evaluation, 1998, 19(1): 1-19.
② 朱照南. 理论为基础的评估［EB/OL］.（2020-05-21）［2021-06-03］. https://mp.weixin.qq.com/s/F-81DCHk3mH28g-PT434gg.

行的过程中或在计划开始之前得到开发,为评估提供基础[1][2]。

(2)逻辑模型(logic model)。逻辑模型是对计划理论的进一步解释,通常以流程图的形式呈现,描述计划中元素和结果之间的关系,包含投入、活动、产出、成效和影响5个模块,逻辑模型的结构部分除了线性单方向的模型,还有具有反馈回路的模型。在管道式的逻辑模型基础上可以进一步细分,比如Bennet层级结构包括了投入、活动、参与、反应、知识技能及态度的改变、行为的改变、社会经济环境的改变7个要素;又如结果链将结果细化成产出、成果和影响3个环节,每个环节对应特定的目标,构成目标层级;再如德国萨尔大学评估中心以批判-理性研究逻辑为导向的模型(CEval评估理论),包括生命历程模型、组织模型、创新-扩散模型和可持续性[3]。

(3)变革理论(theory of change)。变革理论是一种"面向结果"的项目管理工具,用于描述一项干预措施(如政策、计划、项目等)如何产生预期的变化。变革理论的核心思想与逻辑模型类似,不同之处在于:一是它展示了计划(项目)科技活动要通过哪些来实现短期、中期、长期目标,它对"成效"尤其重视,并主张从"成效链"的角度进行分析;二是变革理论十分关注干预活动组织实施的背景与假设,在运用变革理论时,强调厘清对干预活动实施有重大影响的背景和关键假设,对可能影响预期结果的因素尽可能地思虑周全;三是它首先考虑干预活动要实现什么最终目标,再考虑怎样去实现,以及实现目标的前提条件[4]。

---

[1] HUEY T C. Theory-driven evaluation[R]. Thousand Oaks, CA: Sage, 1990.
[2] MARK W L, DAVID B, WILSON. Practical meta-analysis[R]. Applied Social Research Methods Series, Vol, 49. Thousand Oaks, CA: Sage, 2001.
[3] 赖因哈德·施拖克曼,沃尔夫冈·梅耶.评估学[M].唐以志,译.北京:人民出版社,2012.
[4] 国家科技评估中心,中国科技评估与成果管理研究会.科技评估方法与实务[M].北京:北京理工大学出版社,2019.

（二）国内评估理论研究

我国的科技评估实践较评估理论发展更为丰富，有关科技评估理论的探讨主要集中在概念辨析、评估分类、评估的理论导向等方面。以下对国内学者的代表性研究作一介绍。

关于科技评估的内涵，方衍认为，评估是基于事实的价值判断，价值判断是对事物的态度，是对主客体之间价值关系的肯定或否定，多是规范性判断[1]。科技评估是运用科学的方法、标准和程序，对以公共资源为主所支配科技活动中的管理、产出和结果做出尽可能准确的评价，目的在于提高政府公共服务的质量和效果[2]。"科技评估"是一个内涵宽泛具有弹性的术语，其特征具有功能多重性、主体多元性和目标多样性，不同目的、对象和主体的"评估"都会不同。科技评估必须面向战略问题、完善（国家）科研体系、判断研发活动的影响、考虑新的利益相关者和新的维度。这一定义强调科技评估是一种公共评估活动，为建立政府在科技评估中的责任提供了理论支撑。

关于科技评估的分类，有关国家标准即将发布实施，科技评估活动一般可从评估对象、内容、时间节点或目的等角度进行分类。叶茂林从评价时间、评价空间、评价规模、评价方法和评价形式等维度对科技项目评价进行了分类[3]，进一步细化了评价类别。

有学者将参与式评估、新公共管理、新公共服务、系统理论等相关学科的理论作为评估理论的一部分进行研究。参与式评估是指科技评估活动的各利益相关方参与到评估过程来，让各方的价值判断产生互动，从中提炼有用的观点。利益相关方包括科技计划项目的决策者、制定者、资助方、组织者、执行方和受益群体等。张强提出科技评估人员在评估中起到主导性作

---

[1] 方衍.科技评估方法论及其价值判断［R］.北京：科技部科技评估中心，2020.
[2] 方衍，田德录.中国特色科技评价体系建设研究［M］.北京：科学技术文献出版社，2012.
[3] 叶茂林.科技评价理论与方法［M］.北京：社会科学文献出版社，2007.

用，要以人为本①。孟凡蓉、幸磊等认为，在财政项目支出绩效评价指标的设计上，利益相关者理论能够更加全面地关注各利益相关方的要求②。新公共服务理论是在民主、责任和服务基础上，建立有效的公民利益表达机制，将公共服务的使用者作为顾客，强调服务绩效，即目标与结果的关联性。井敏认为，新公共服务理论强调多元化主体之间的合作共赢，发挥每个主体的自身优势，实现"1+1＞2"之效应③。张凌云、江易华认为，新公共服务理论以公众为本的绩效观念，对政府绩效评估具有重要的借鉴意义④⑤。潘云涛认为，科技评价的基本理论包括效用理论、系统理论、不确定性理论和最优化理论等⑥。朱衍强、郑方辉认为，福利经济学理论、公共项目分析理论、可持续性发展理论和循环经济理论等构成了公共项目绩效评价理论体系⑦。金振辉、汪善荣等从经济学和管理学的角度对我国的科技评价理论进行探讨⑧，翟亚宁、张凤帆等根据耗散结构理论构建了多元化的科技评估系统⑨，陈洪转、许赞从激励冲突视角建立了高校科研成果评价制度⑩。

我国关于科技评估理论的探讨尚未形成共识。张迎辉、张建霞等认为，国内尚未形成一套系统的科技评估理论框架，主要表现在对评估方法的系统

---

① 张强.科技评估以人为本的理论概述［J］.科研管理，2001（11）：208-211.
② 孟凡蓉，幸磊，吴建南.基于利益相关者理论的财政支出项目绩效评价——以高校某教育项目为例［J］.山西财经大学学报，2008，11（2）：4-9.
③ 井敏.PPP公私合作供给公共服务机制研究［M］.北京：中国社会科学出版社，2020.
④ 张凌云.新公共管理范式述评：理论建构与反思［J］.行政论坛，2004，65（9）：87-89.
⑤ 江易华.新公共服务理论对政府绩效评估的借鉴意义［J］.广东经济管理学院学报，2007，21（5）：16-19.
⑥ 潘云涛.科技评价理论、方法及实证［M］.北京：科学技术文献出版社，2008.
⑦ 朱衍强，郑方辉.公共项目绩效评价［M］.北京：中国经济出版社，2009.
⑧ 金振辉，汪善荣，何一民.浅析我国科技评价的理论、方法和实践［J］.云南科技管理，2006（4）：20-23.
⑨ 翟亚宁，张凤帆，李海丽，等.基于耗散结构理论的科技评估活动研究［J］.科技管理，2016，122（12）：8-11.
⑩ 陈洪转，许赞.高校科技评价体系：理论方法与应用［M］.北京：科学出版社，2013.

研究开发得不够①。方衍、邢怀滨认为，在我国的评估研究学术论文中，对"纯方法"的研究现象较为突出，这反映出中国评估界理论与实践的脱节②。陶蕊、胡维佳认为，国内有关评价理论和方法的研究为开展科技项目绩效评价提供了技术选择，但这些研究多关注评价的技术方案，未涉及对项目因果关系的分析，忽略了对项目目标实现路径的认识③。近年来，计划理论、逻辑模型、变革理论等评估理论在我国得到广泛应用，比如逻辑框架和变革理论已经成为公认的预算绩效评估和科技计划项目评估底层支撑理论，但基于中国实践特色的科技评估理论尚未完全建立。

二、科技评估基本方法

自美国于 1920 年开始公共研发活动评估以来，学术界和评估界在开展大量评估实践的同时，一直致力于探索科学有效的科技评估方法。国内外学者研究总结了科技评估中使用的方法，有些从方法所属学科将科技评估方法分为社会学方法、统计学方法、经济分析法及文献计量法四大类④，有些从技术层面将科技评估方法分为定性评价方法、定量评价方法和综合评价方法 3 类，后者分类较为普遍。以下对这 3 类方法和其他专业评估方法中的典型方法进行简要介绍。

---

① 张迎辉，张建霞，房彤宇，等. 科技评估基础理论介绍 [J]. 中华医学科研管理杂志，2003，16（2）：73-75.
② 菲利普·夏皮拉，斯蒂芬·库尔曼. 科技政策评估：来自美国与欧洲的经验 [M]. 方衍，邢怀滨，译. 北京：科学技术文献出版社，2015.
③ 陶蕊，胡维佳. 变革理论逻辑模型在科技评价中的应用及启示 [J]. 科技进步与对策，2015，32（12）：119-123.
④ 李强，郑海军，李晓轩. 科技政策研究评价方法评析 [J]. 科学学研究，2018，36（2）：221-227.

（一）定性评估方法

定性方法是指依靠评估人员、研究人员和专家的经验，对评估对象和内容进行主观的判断和评价。典型的定性评估方法包括同行评议、德尔菲法、案卷研究、问卷调查、访谈/座谈、实地考察、回溯和案例研究等[①]。

1. 同行评议

同行评议是指由从事相同或相近研究领域的专家根据个人的专业知识和经验来判断科研项目、成果、人才、机构及科研活动等的价值[②]。同行评议早在300年前就被用于评价学术论文的发表，后又被用于科技项目立项评估，目前该方法已经成为科技评估最常用的方法之一，广泛应用于立项评估、成果评定、职称评审、机构评估等科技活动的各个方面。同行评议采取的基本方式有现场会议评议法和通信同行评议法，即通常所称会评和函评。同行评议制度虽不断完善但依然存在不足，如何使这种制度随着现代科学研究的发展更趋公正和合理，一直是目前探索的重要内容。我国国家自然科学基金委在2018年提出试点"负责任、讲信誉、计贡献"评审机制。以同行评议的方式开展国际评估是近年来科技评估改革政策中的新焦点。作为我国科技体制改革的先锋者，中国科学院早在2004年就尝试对所属研究所开展国际评估[③]。

2. 德尔菲法

德尔菲法，也称专家调查法，1964年由美国兰德公司创始实行，其本质上是一种反馈匿名函询法，其大致流程是在对所要预测的问题征得专家的意见之后，进行整理、归纳、统计，再匿名反馈给各专家，再次征求意见，

---

① 国家科技评估中心，中国科技评估与成果管理研究会.科技评估方法与实务[M].北京：北京理工大学出版社，2020.
② 郭碧坚，韩宇.同行评议制：方法、理论、功能、指标[J].科学学研究，1994，12（3）：63-74.
③ 徐芳，周长海.中国科学院研究所国际评估的回顾与展望[J].中国科学院院刊，2020，35（12）：1455-1462.

再集中，再反馈，直至得到一致的意见[①]。该方法最初用于对事物发展的预测，引用到科技评估中，用于对评估内容的判断。

3. 案卷研究

案卷研究，有时也称文献调研，贯穿于评估活动的全过程。案卷研究是指通过收集、分析各种与评估活动相关的文献资料，包括论文、论著、政策文件、新闻报道、公开发布的研究报告、会议报告等，从中提取有价值的证据和相关信息，用以支撑评估结论的形成[②]。

4. 问卷调查

问卷调查法是指调查者通过设计调查表格或调查问卷并发放给调查对象，以获得所需信息[③]。根据调查目的可分为材料收集式调查和观点统计式调查。材料收集式是指通过填写调查表的方式收集利益相关方的执行现状、成果成效、观点数据等信息，调查表中描述性和开放性题目较多。这类调查一般目的明确，通过特定渠道向调查对象发放，因而问卷回收率较高。观点统计式是更多是面向非特指的利益相关方广泛收集观点的调查，一般通过结构化的调查问卷，以选择式问题为主，多用于宏观和中观层面、受众面广的科技评估活动。问卷调查的发放方式有多种，可根据介质的不同设计合理可行的发放方式，如对于纸质问卷，可采取面对面、邮寄、会议等形式；对于电子问卷，可采用电子邮件、问卷系统（问卷星）、点对点推送（手机短信、微信）等形式。

5. 访谈/座谈

访谈/座谈是指评估人员根据评估需求，选取一定数量的利益相关方，通过与其进行座谈或访谈的方式，获得受访者提供的专业知识、有效实例、数据以及对相关问题的看法，从而实现对被评对象的深入了解，收集到对相

---

① 邱均平. 评价学［M］. 北京：科学出版社，2010.
② 风笑天. 社会学研究方法［M］. 北京：中国人民大学出版社，2009.
③ 朱红兵. 问卷调查及统计分析方法：基于 SPSS［M］. 北京：电子工业出版社，2019.

关问题的观点和看法①。

6. 实地考察

实地考察，也称实地调研，是指调研人员前往干预活动实施地，直接获取被调研对象具体情况的一种方法。实地考察的目的是由调研人员亲自收集第一手资料，调研方式包括与一线人员的面对面沟通交流、参观实际场景、观看演示视频等②。

7. 案例研究

案例研究是指通过对评估中某一具有典型性和代表性的评估对象或场景主题进行深入研究和探索。案例研究一般包括解释型、探索型以及描述型 3 类③。案例研究通过对活动细节和来龙去脉的详细调查，有助于评估人员全面了解科技活动的开展过程，从而做出正确的判断。

（二）定量评估方法

定量评估方法是通过把评估指标量化，采用统计学、经济学、运筹学与数学等方法进行评估。例如，经济学方法是指通过投入、产出、收益等指标对国家、产业、机构、个人等不同层面的科技创新活动、能力、水平及影响等进行评估。运筹学方法是指综合运用数学模型求得解决问题的最优解，以为管理人员提供决策参考。

1. 文献计量法

文献计量法是基于论文、图书、专利等科学出版物的数据，采用数学与统计学方法，来评价科学研究活动的绩效和影响④。文献计量法有数量分析、引文分析及社会网络分析 3 类。数量分析主要是对被评对象开展科技活动的投入、产出进行数量、占比、增长率等方面的描述；引文分析主要是根据产

---

① 吴增基，吴鹏森，苏振芳. 现代社会调查方法（第五版）[M]. 上海：上海人民出版社，2018.
② 薛强，刘昀. 市场调查实用技术[M]. 长春：吉林大学出版社，2005.
③ 罗伯特·K. 殷. 案例研究：设计与方法[M]. 重庆：重庆大学出版社，2003.
④ 罗式胜. 文献计量学概论[M]. 广州：中山大学出版社，1994.

出成果被引用的情况进行分析，以揭示其质量、规律和影响。社会网络分析重点是根据合著关系和引文关系来分析社会关系结构及其属性，包括机构或作者的地位、角色等。

2. 经济计量法

经济计量法是在以经济理论和事实为依据的定性分析基础上，利用数理统计方法建立一组计量模型，以此来描述预测目标与相关变量之间的动态变化关系。经济计量法通常包括成本效益分析（CBA）、成本效果分析（CEA）和成本效用分析（CUA）3类[1]。成本效益分析是指通过比较某一方案、政策、计划或项目的全部成本和效益来评估其价值；成本效果分析、成本效用分析与成本效益分析的基本思路一致，但与成本效益分析中以货币为单位不同，效果不用货币单位来表示，而通常使用某些表征项目成效的指标，如临床医学中的治愈率、延长的寿命等定性指标；效用则既有定性分析，也有定量分析，通过定性定量的研究与比较，全面反映项目的效用目标。

3. 运筹学方法

在科技评估实践中常用的运筹学方法很多，最常用的有数据包络分析法和层次分析法。数据包络分析（DEA）根据多项投入指标和多项产出指标，利用线性规划的方法和模型，对具有可比性的同类型单位进行相对有效性评价[2]。层次分析法（AHP）将复杂的问题简化成层次清晰的分级系统，通过两两对比的方式确定各级元素的重要程度，同时结合专家的主观判断，对指标间的相互关系进行量化，最后采用数学的方法计算权重，并进行排序[3]。

---

[1] 国家科技评估中心，中国科技评估与成果管理研究会. 科技评估方法与实务［M］. 北京：北京理工大学出版社，2019.
[2] 段永瑞. 数据包络分析理论和应用［M］. 上海：上海科学普及出版社，2006.
[3] 文传浩，程莉，张桂君，等. 经济学研究方法论：理论与实务［M］. 重庆：重庆大学出版社，2019.

（三）综合评估方法

综合评估方法，又称为多变量综合评价方法、多指标综合评价方法，是指对一个复杂系统的多指标信息，应用定量方法（包括数理统计方法）、对数据进行加工、提炼、分析，求得其优劣等级的一种评估方法，主要用于对评价对象的分类、比较、排序、目标实现程度等。常用的综合评估方法包括综合计分法、综合指数法、标杆法[①]。

1. 综合计分法

综合计分法首先根据一定的标准对评估指标赋予不同的分值，然后采取逐项打分的方法对每项指标进行打分，在统一量纲后，对各项指标进行综合求和，最终以分数体现评估结果。

2. 综合指数法

综合指数法将各项指标转化为同度量的个体指数，便于将各项指标综合起来，以综合指数作为评比排序的依据。各项指标的权数是根据其重要程度决定的，体现了各项指标的贡献大小。综合指数法的基本思路则是利用层次分析法计算的权重和模糊评判法取得的数值进行累乘，然后相加，最后计算出成效的综合评估指数。

3. 标杆法

标杆法，又称基线比较法，是将评估的各项活动与从事该项活动的最佳实践进行比较，从而发现优势与不足。目前常用的标杆包括目标值、内部标杆、竞争对手标杆、国内同行标杆、不同行业标杆、国际组织标杆等。

（四）其他方法

除此之外，在科技评估实践过程中，评估者们还常用平衡计分卡和战略地图等管理学方法遴选指标并构建评估指标体系，还开发了诸如技术就绪

---

① 张先恩. 科学技术评价理论与实践［M］. 北京：科学出版社，2008.

度、技术成熟度曲线、快速循环评价（RCE）等专门性的评估方法。

1. 平衡计分卡和战略地图

平衡计分卡侧重于企业的绩效评估，从企业发展的战略出发，将企业及其内部各部门的任务和决策转化为多样、相互联系的目标，然后再把目标分解成由财务状况、顾客服务、内部经营过程、学习和成长在内的多项指标组成的多元绩效评估系统[①]。战略地图是平衡计分卡的深入与发展，通过明晰平衡计分卡的4个层面目标之间的因果关系和层层递进的关系，描述出组织的战略。该方法使组织的战略目标和各项指标建立联系，并使组织关系可视化，为目标和产出建立了联系，从而有效判断组织绩效。

2. 技术就绪度（TRL）和技术成熟度曲线（Hype Circle）

对技术成熟度的评价最常见的方法就是技术就绪度（TRL）。该方法将一项技术、产品或系统按"原理概念→试验验证→仿真运行→现实环境运行"的研发流程划分阶段，并为各阶段制定明确标准，据此来量化评定技术、产品或系统成熟度。

美国 Gartner 公司从心理因素角度开发的技术成熟度曲线是近20年来业界最常引用的技术成熟度评价模型。该方法以简洁的形式勾勒出热点技术的演化轨迹，揭示了技术创新链条演化的基本规律，是整体把握技术创新发展态势、客观评估技术创新成熟程度、合理选择创新介入时机、谋求技术创新后发优势的有力工具。

3. 快速循环评价（RCE）

近年来美国政策制定的科学化进程推动了一种名为快速循环评价（Rapid-Cycle Evaluation，RCE）的评估方法的诞生。该方法是一种基于大数据的实时评估方法，通过有效识别和实时搜集政策过程中的信息，在政策措施实施后进行频繁、有规律的评价。该方法通过不断的实时评价提供及时反馈，从而不断完善政策，减少不必要的时间和资金成本，并且提前掌握政

---

① 李晓楠. 基于平衡计分卡政府部门绩效管理体系研究［D］. 济南：山东大学，2009.

策的初步评价①。

三、科技评估研究观察②

（一）国际评估研究热点

根据长期对国外评估的跟踪和分析，聚焦一定程度上代表国际上评估领域以及科技评估领域发展前沿的两本国际知名评估期刊，分别是《评估新方向》（New Directions for Evaluation）和《研究评估》（Research Evaluation），对其内容进行分析来展现国际评估领域的研究热点。此外，编写组也从国际知名评估大会的角度分析国际评估界关注的热点。

1.《评估新方向》的视角

《评估新方向》是由美国评估协会主办的季刊，编写组全面关注评估该刊的各类议题，尤其是与评估有关的机构、文化和社会前沿议题。每期关注一个议题，围绕该议题组织文章进行研讨。基于对该杂志的研究分析，对近年来期刊讨论的评估热点进行了梳理，并对评估市场和评估行业的发展趋势进行了研究。

2016—2018 年的《评估新方向》涉及的重点议题涵盖评估理论方法、评估行业发展、新兴评估方向等。具体包括：评估价值观、评估中的推进（沟通）技巧、评估人员的个人经历对评估者成长的作用、实验评估和非实验评估、高等教育评估、改进科学与评估的关系、健康领域评估的公平性、评估的教育教学法、评估中的实地调研、原住民评估、对评估思维的认识、评估的产业和市场、评估机构的合作、评估协会对评估行业发挥的作用等。

---

① 肖小溪，程燕林，李晓轩.第三方科技评价前沿问题研究［J］.中国科技论坛，2015（8）：11-14.
② 陶蕊.科技评估理论与方法研究报告［R］.北京：科技部科技评估中心，2020.8.

> **专栏　国际评估界对评估价值观的讨论**
>
> 　　评估的价值观是评估人员在不同的文化环境、宗教背景、学术背景、生活背景、家庭背景、政治国别、个人兴趣基础上形成的，是由他们个人的经历发展而来的。评估人员通常所具有的几种价值观包括问题导向、批判性思维、注重客观证据、内部评估与外部评估结合、参与式评估、系统思维、文化响应、社会公正、通用性和特殊性、"理性与感性"结合、定性和定量结合、真理的怀疑，等等。评估的质量和成功的指标都源于价值观。评估人员运用这些价值观来选择方法，形成评估的理论和实践。100%的受访者都带着价值观到非正式和正式的评估中。未来的评估者和客户应该选择具有相同价值观的评估者，而不是使用相同方法的评估者，来形成最佳的评估结论。①

　　基于对该期刊的跟踪②，从评估市场的活力、评估市场的组成，评估行业发展方向等方面对国际评估行业发展的特征进行了描述，具体包括以下4方面。

　　第一，多国评估行业均呈现快速发展趋势。具体表现在：评估的需求和委托者越来越多，评估的需求更加多元化，评估的种类不断增加，评估的经费呈上升趋势。英国、美国等国家的评估市场快速发展受到以证据为导向的政策理念影响，绩效管理和公共预算的压力是推动评估市场需求方的主要因素。公共部门对评估行业发展的影响显著。政府越来越多地采用随机控制实验来考察政府的政策、计划和项目是否奏效。例如，加拿大的联邦政府、地方政府和非政府组织是评估的需求方，评估的供给方则是联邦政府的内部评估部门以及私营公司等外部评估机构。

---

① 信息来源：New Directions for Evaluation[J].
② NIELSEN S B, LEMIRE S, CHRISTIE C A. The Evaluation Marketplace and Its Industry[J]. New Directions for Evaluation. 2018(4): 7-11.

第二，评估市场发展具有不平衡性。在跨国别、区域和地区范围内，公共领域的评估活动盛行。评估市场的供方和需方都有增长，但是市场的规模、金额、合同数额却差别很大。评估的委托和采购存在不平衡的现象。一方面评估任务往往向少数机构倾斜，不利于评估的公平和独立发展，带来市场的不平衡。另一方面各个部门的评估需求是不均衡的，少数部门开展大量的评估活动。此外，评估市场与其他的市场交叉存在，例如绩效管理、数据科学、审计等市场。

第三，评估的小型化发展趋势明显。以地方评估为特点的小范围评估越来越多。具体包括用户态度调查、过程研究、专家小组、自评估、问责监测、物有所值评价等。在高度竞争的评估市场，小型评估公司、小型咨询机构、私营评估机构、微评估机构应运而生。大型评估机构则专注于特定的领域，如教育、卫生、发展评估等。大部分的评估公司拥有自己的评估方法和工具包。

第四，职业评估人员向精细化方向发展。国际评估行业的细分程度较高，对评估者也具有详细的区分。加拿大研究显示其使用外部评估者的比例下降，使用内部评估者的比例在上升。评估者还可以分为联邦政府的内部评估者、私营部门评估者、省级政府的内部评估者、学术评估者、非营利性机构的内部评估者等。

2.《研究评估》的视角

《研究评估》是由牛津大学出版社出版的季刊，其关注科学研究、技术发展以及创新相关的评估活动，刊载议题十分广泛。通过对该期刊2016—2018年这3年刊载的文章进行统计和分析[①]，以呈现国际科技评估领域的研究热点以及活跃在评估学术前沿的国家、机构和作者等信息。据统计，该期刊2016—2018年共刊载了111篇学术文章，涉及418个关键词、337位作

---

① 《研究评估》（*Research Evaluation*）是专门刊载科技评估类文章的国际知名期刊，通过对该期刊进行跟踪分析来反映国际科技评估研究的热点，结果可能具有一定的局限性。

者、41个国别和186家机构等（图1）。

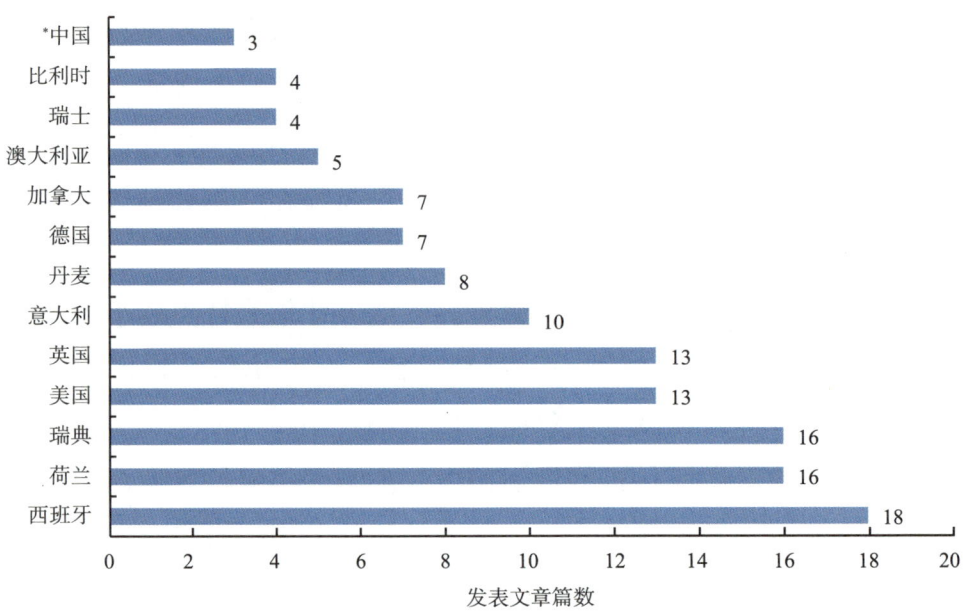

图1 2016—2018年《研究评估》发表文章较多的国家
* 仅统计中国大陆发表的文章

欧洲国家和美国是科技评估研究活动活跃的国家。西班牙作者发表的文章最多。瑞典、荷兰、英国、美国、意大利等国的评估学术研究也比较活跃。2016—2018年间中国大陆机构在《研究评估》期刊上发表（包含合作）了3篇关于科技评估的国际论文，作者分别来自大连理工大学（《谁架桥？跟踪中国与欧盟的科学合作》）、中国科学院图书馆（《中国重点实验室在国际和国家科学领域的作用》）和北京师范大学（《2005年长江学者奖获奖前后研究绩效追踪研究》）等机构，3篇论文均是由多机构合作完成。

在研究机构方面，荷兰莱顿大学（Leiden University）发表文章最多（11篇），远超过其他机构发表文章数。西班牙瓦伦西亚理工大学（Universitat Politècnica de València）、丹麦奥胡斯大学（Aarhus University）、瑞典皇家理工学院（KTH Royal Institute of Technology）、瑞典隆德大学（Lund University）和瑞典布洛斯大学（University of Borås）等机构也发表

了较多的论文。

研究热点方面，3年来发表文章中出现的关键词共计418个，其中20个关键词出现3次以上（包括3次）。出现频次较高的关键词有评估、同行评议、研究评估、文献计量、人文社科等（表4）。

表4 《研究评估》热点关键词（2016—2018年）

关键词	出现频次
Evaluation（评估）	11
Peer review（同行评议）	9
Research evaluation（研究评估）	9
Bibliometrics（文献计量）	7
Research（研究）	6
Research impact（研究影响）	6
Bibliometric indicators（文献计量指标）	4
Collaboration（合作）	4
Humanities（人文）	4
Science policy（科学政策）	4
Social sciences and humanities（社会科学与人文）	4
Spain（西班牙）	4
Europe（欧洲）	3
Impact（影响）	3
Impact assessment（影响评估）	3
Indicators（指标）	3
Knowledge exchange（知识交换）	3
Performance-based research funding system（基于绩效的资助体系）	3
Research assessment（研究评估）	3
Third mission（第三使命）	3

根据评估的不同对象和主题进一步对刊载文章进行聚类分析发现，3年发表的文章大致可分为20类，具体排序情况见图2，其中影响评估类文章发表最多，为19篇，其他篇数较多的有文献计量类（16篇）、评估研究类（12篇）、高校评估（8篇）等。除了影响评估和文献计量等传统的评估议题外，跨学科评估、人才评估、合作评估、领域评估、知识转移评估、社会和人文学科评估、性别平等、产学研合作评估、评估指标、绩效为导向的资助体系等评估主题出现的次数也较多，代表了近几年比较热门的评估研究方向。

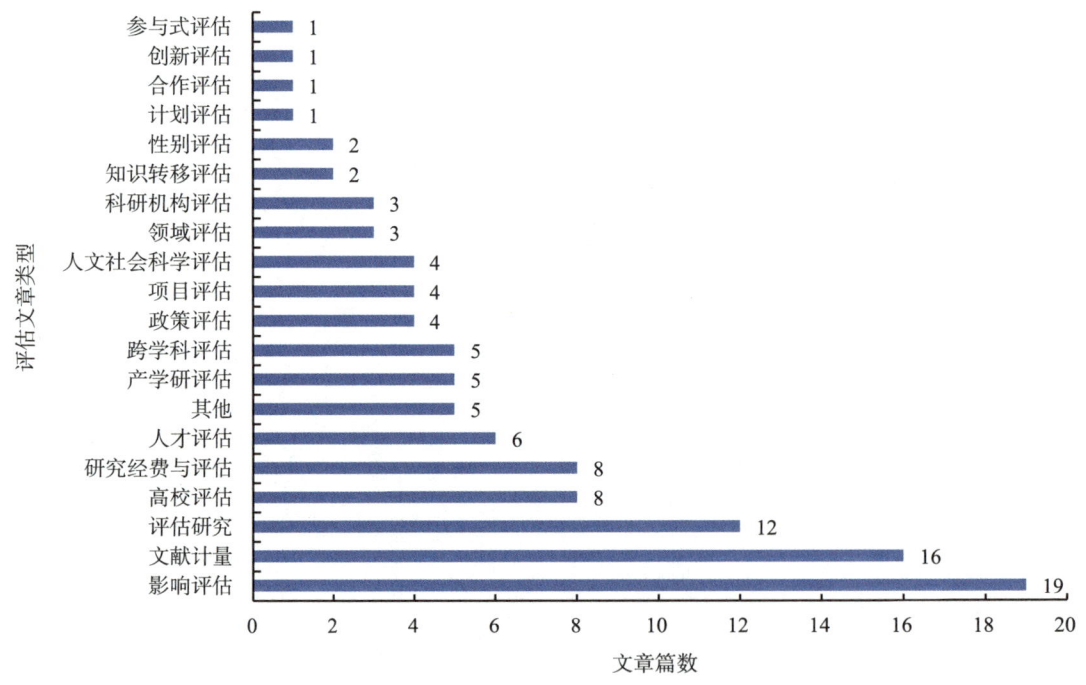

图2 《研究评估》发表文章类型分布（2016—2018年）

表5列举了近年来《研究评估》部分刊载文章的标题，其从很大程度上反映了国际上科技评估的一些视角和方向。分析发现，文章内容围绕科学、技术和创新领域的评估相关议题，既包括评估理论的探讨，也包括评估方法和实践经验的总结，体现出科技评估领域的宽泛性和复杂性，同时也注重理

论与实践的结合，将实践上升为理论，用理论指导实践。

表 5 《研究评估》2016—2018 年科技评估领域研究热点举例

热点	文章标题
影响评估	➢ 了解科学软件生态系统及其影响：当前措施与未来措施 ➢ ASIRPA：用来评价科研组织的社会影响的基于理论的综合方法 ➢ 说明大学的影响：利用扩充数据来衡量学术科学家的学术投入与商品化
跨学科评估	➢ 跨学科的背景下如何定义和评价研究质量 ➢ 一种评价跨学科合作中如何进行思想融合的方法
项目评估	➢ 评议分数和口头评价的比较：在科学项目的同行评议中，对评议分数的矫正谈话对小组内部和小组之间的可变性产生影响 ➢ 对生物医学研究项目第一轮评审中采用申请人盲评的结果进行观察—"规则"可以提升大学研究项目经费资助的同行评议质量
绩效评价	➢ 澳大利亚高校以国家绩效为导向的资助机制 ➢ 挪威个人出版物指标的影响以及以绩效为基础的资助模型和研究行为
领域评估	➢ 加拿大急诊医生学术生产力开展全国调查 ➢ 31 个欧洲国家 2002—2013 年糖尿病研究的影响
产学研评估	➢ 一项对于西班牙公共高等教育体系的实证研究：观察知识转移与大学效率得分的相关性 ➢ 开发有效工具的指导原则来处理知识转移战略评价中的复杂性
人文社科评估	➢ 学术书籍出版：社会人文科学评估的信息来源 ➢ 维也纳大学研究产出：人文社会科学中的文献计量
性别议题评估	➢ 比利时的案例来考察性别和成功的研究资助之间的关系 ➢ 从引用率和社会媒体维度来考察在神经外科核心期刊中，科学生产力和可见度方面的性别差别
人才评估	➢ 数字时代研究人员的学术声誉，以及新兴平台和机制的角色 ➢ 美国研究型大学研究人员流动规律，以及研究和跨国战略的启示

3. 国际知名评估大会的角度

通过对美国评估协会、欧洲评估协会以及联合国评估能力大会近几年的会议主题（表 6）进行跟踪和分析发现，评估界普遍认为未来评估所面临的形势和环境更为复杂。各国评估协会在号召和组织评估人员共商发展大计，应对困难与挑战方面发挥了重要作用。

表6 近年国际知名评估大会的会议主题评估大会名称

年会时间	美国评估协会年会 Annual Conference of the American Evaluation Association	欧洲评估协会年会 European Evaluation Society Biennial Conference	联合国国家评估能力大会 National Evaluation Capacity Conference
2020年	你在评估实践中如何发光？ How will you shine your light? In evaluation practice	在不确定世界里的评估：复杂性、合法性、道德标准 Evaluation in an uncertain world: complexity, legitimacy, ethics	—
2019年	评估的未来之路：贡献，领导力和复兴 Paths to the future of the evaluation: contribution, leadership and renewal	—	在评估中不让任何一个人掉队 Leaving no one behind: evaluation
2018年	向权威说出事实 Speaking truth to the power	为更加弹性的社会进行评估 Evaluation for more resilient societies	—
2017年	从学习到实践 From learning to action	—	可持续发展目标时代下的人、地球和进展 People, planet, progress in SDG era
2016年	评估与设计 Evaluation+Design	评估在欧洲以及欧洲之外的未来：连接性、创新性和应用 Evaluation futures in European and beyond: connectivity innovation and use	—
2015年	—	—	把评估原则和发展实践结合起来改变人们的生活 Blending evaluation principles with development practices to changes peoples lives

(二)我国科技评估研究热点

以 2017—2019 年中国知网（CNKI）数据库收录的期刊文章为对象，对我国科技评估学术研究进行文献计量分析，总结近年来我国科技评估的学术研究热点和活跃机构，分析背后的政策导向。以评价方法、评价理论、计划评估、项目评估、人才评价、成果评估、机构评估、学科评估、绩效评价、政策评估等为关键词，检索获得 4 552 条有效数据。通过对主题词的提取、统计和聚类，利用 ITGInsight 软件辅助呈现了科技评估近年来的研究热点[1]。

对主题词进行聚类分析发现，2017—2019 年科技评估领域的研究热点主要包括 4 类：科研成果评估、学科评估、绩效评价、多元化评估方法（图 3）。"评价体系"趋近研究热点的核心地带，与 4 个聚类主题均显现出

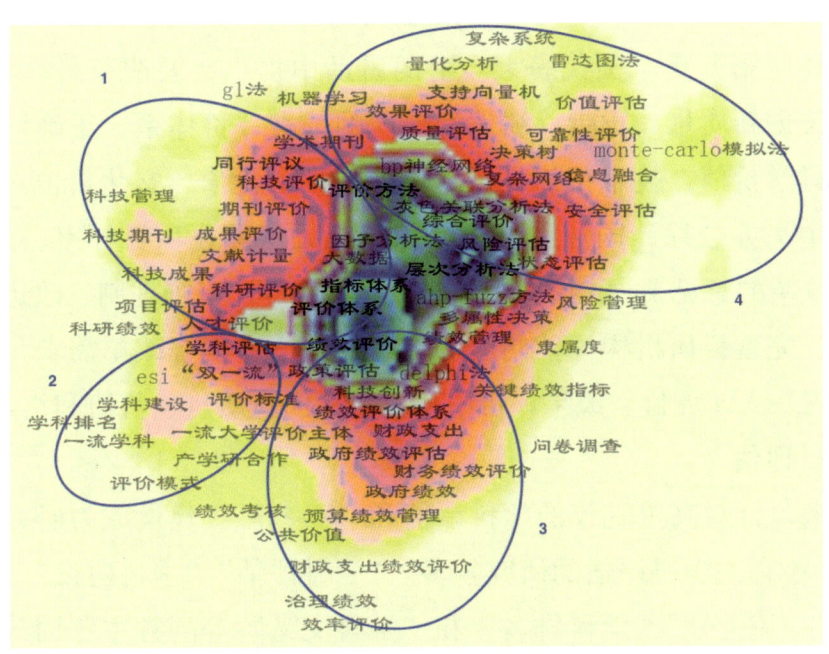

图 3 2017—2019 年科技评估领域研究热点分布

注：图中 1、2、3、4 分别代表科研成果评估、学科评估、绩效评价和多元化评估方法。图中每个节点表示一个主题词，词与词之间的平面距离与词之间的关系强度成正比；颜色深浅度形成等高线，表示该词词频数量的多少与密集程度；颜色堆积区域为研究主题聚类，即研究热点。

---

[1] 张硕，陶蕊，施筱勇. 中国科技评价研究热点述评[J]. 科技管理研究，2021，41（18）：58-65.

相关性。这说明科技评价体系作为一个整体受到越来越多的关注，评估界对评估的认识从局部的方法、指标等逐渐上升到评估体系的功能，对评估认识的全面性正在提升。进一步对标2019年以前出台的科技评估相关政策文件，从政策角度分析研究热点背后的驱动力。尽管缺少相关性的严格验证，但仍可以反映出科技评估政策对于评价学术研究的引导作用。

1. 科研成果评估

我国科技评估界对同行评议、成果评价、学术评价的讨论较多，需要研究和改进的空间较大。在以上检索文献中，与科技成果、科研成果、成果评价、成果质量等研究主题相关的文献约有60篇。同时，检索文献中还有大量关于同行评议制度公正性和局限性、学术期刊、高校学术治理、科学基金项目评审、科技奖励评审的探讨。追溯这一现象，与国家对科技评价提出的改革要求密不可分。2016年，习近平总书记在全国科技创新大会、两院院士大会、中国科协第九次全国代表大会上的讲话中提出，要改革科技评价制度，建立以科技创新质量、贡献、绩效为导向的分类评价体系，正确评价科技创新成果的科学价值、技术价值、经济价值、社会价值、文化价值。2018年7月，中共中央办公厅、国务院办公厅印发《关于深化项目评审、人才评价、机构评估改革的意见》，要求进一步优化科研项目评审管理制、改进科技人才评价方式、完善科研机构评估制度等。科技评估界围绕改革需求，探索如何在同行评议、人才评价、成果评价中从重数量向重质量、价值和贡献转变。

2. 学科评估

近年来，针对高等院校的学科评估和"双一流"建设成为研究热点，尤其在2018年有关学科评估的研究较多。"学科评估""学科建设""ESI""一流学科""一流大学""学科排名"和"学科交叉"等高频主题词共同出现在一个研究热点中，反映出评估界对高校和学科评估的关注，学科评估已经成为科技评估领域的新热点。追溯背后的原因，与2015年国务院印发《统筹推进世界一流大学和一流学科建设总体方案》以及教育部、财政部、国家发展改革委印发《统筹推进世界一流大学和一流学科建设实施办法（暂行）》

等政策导向有关。

3. 绩效评价

"绩效评价""财政支出""政府绩效评估""治理绩效""公共价值"等热点主题词的出现呼应了近年来国家对科研投入绩效的关注。2014年和2018年国务院分别下发了《关于改进加强中央财政科研项目和资金管理的若干意见》和《关于优化科研管理提升科研绩效若干措施》而在2017年有关绩效评价研究的报道较多。在检索文献中，着重关注科研财政的研究报道共有58篇，主题多集中于科研财政投入绩效评价研究、财政经费绩效评价指标体系的研究等，着重从不同角度出发，加强对科研财政资金的管理，提高财政资金的使用效率。

4. 多元化评估方法

"评价方法""层次分析法""指标体系""评价体系""TOPSIS法""主成分分析""因子分析法""灰色关联分析法""BP神经网络""Delphi法""机器学习"等涉及各类研究方法的主题词共同出现在一个研究热点中，这表明，近年来评估界将评估方法的改进创新作为落实评价制度改革的重要抓手，通过探索多元化的评估方法以提升评价体系的系统化、科学化、合理化程度。

专栏　我国科技评估方法研究的三个趋势

（一）对定量评估方法提出改进与优化。学者根据不同评估场景，筛选使用合适的传统定量评估方法。例如，在构建指标体系时，多位学者基于评价的不同场景，在层次分析法的基础上做了方法上的探索。李铮等[1]在对学者学术影响力评价进行研究时，给出了一个作者贡献度的

---

[1] 李铮，邓三鸿，孔嘉，等.学者学术影响力识别研究：基于引文全数据的视角[J].图书情报工作，2020，64（12）：87-94.

计算公式，利用层次分析法确定引用强度、引用位置的权重，结合引用强度计算作者学术影响力 AAI 指标。徐芳等[1]借助批判实在论的因果观探讨因果关系和证据链，尝试以 Altmetrics 和引文数据为基础挖掘并建立学术成果从公开发表到产生学术影响力的证据链，并通过期刊学术影响力评价的实证研究探讨了基于证据链的定量评价方法。

（二）综合使用多种定量方法形成科技评估的新方法。例如，李倩等[2]以四川省医药卫生软科学类为例，综合运用了文献荟萃分析、专题小组讨论、小型专家会议、专家咨询法、层次分析法等研究方法，构建了包括4个一级指标、10个二级指标的医药卫生软科学类第三方科技成果评价指标体系；王菲菲等[3]综合使用熵权法、层次分析法、TOPSIS等方法，构建了在 Altmetrics 视角下关于医学信息学领域多维度的主观和客观的院校学术影响力评价模型。

（三）将定量与定性方法相结合以达到评估方法的创新。为了对被评对象作出全局性、整体性的评价，定量与定性相结合的方法被越来越多的学者考虑。例如，郑展[4]等从工程科技人才的界定入手，基于访谈和问卷调研，运用定性与定量相结合的方法构建工程科技人才评价指标体系；卢小莉等[5]提出运用期刊编委数据来评价科研机构的学术影响力，既采用文献数据也兼顾同行专家意见，将定量与定性评价很好地结合起来。

---

[1] 徐芳，郑毅，刘文斌.基于证据链的学术影响力评价方法探索研究［J］.科研管理，2020，41（5）：140-150.
[2] 李倩，魏巍，郭逸婧，等.四川省医药卫生软科学类第三方科技成果评价指标体系研究［J］.卫生软科学，2020，34（11）：45-49.
[3] 王菲菲，李佳慧，黄雅雯，等.Altmetrics 视角下的科研院校学术影响力综合评价研究［J］.现代情报，2020，40（2）：132-140.
[4] 郑展，张剑，赵煜嘉.工程科技人才评价指标体系构建与分析［J］.科技管理研究，2017，37（22）：71-78.
[5] 卢小莉，李晶，吴登生.基于期刊编委指数的科研机构学术影响力评价研究：以地质学为例［J］.情报学报，2018，37（1）：14-24.

此外，根据 2017—2019 年科技评估领域研究机构及其发表论文数量统计，发现大多数科技评估相关的学术文章由高校发表，其中中国科学院大学、武汉大学、同济大学、华南理工大学、上海交通大学等高校发表文章数量较多，在科技评价的研究方面较为活跃。

5. 其他重要趋势

近年来，随着我国科技评估制度改革不断深入与拓展，在分类评价、代表作制度、国际评估、负责任评价等方面也出现了不少方法与实践的探索性工作。

分类评价是近年来科技评价方法创新中的重点和热点话题。2018 年 7 月，中共中央办公厅、国务院办公厅印发的《关于深化项目评审、人才评价、机构评估改革的意见》提出在"三评"中"坚持分类评价"的原则。研究认为，分类评价的理念也被越来越多的学者借鉴。以高校分类评价研究为例，多位学者运用不同方法提出了新的分类评价指标。例如，庞弘燊等[1]按照学科领域、人才层次和人才需求分类，构建了分类分级的引进人才标准，通过整合多来源数据的指标数据，形成"双一流"大学建设中人才引进评估指标库集合，同时根据人才分类分级评价的需求划分各类人才评价所需的指标组合，形成合理的评价指标体系；王冬梅等[2]在对行业特色高校分类评价进行探讨时，基于灰色理论，提出关于行业应用、学术成绩和行业指导 3 个方面的分类评价指标；张连和[3]首次针对科技融合后新型科研机构高层次人才聚集，构建了以基本能力、工作业绩和实际贡献为一级指标的人才分类评价指标体系。

代表作制度作为破"四唯"导向下科技评价的主要举措，为新时期的科

---

[1] 庞弘燊，王超，胡正银."双一流"大学建设中人才引进评价指标库及指标体系构建［J］.情报杂志，2019，38（3）：67-74.
[2] 王冬梅，王向宁.基于灰色系统的行业特色高校科技分类评价探索［J］.科研管理，2019，40（3）：126-132.
[3] 张连和.基于科教融合的新型科研机构人才分类评价研究［J］.科学与管理，2018，38（5）：75-78.

技评价提出了新方法与新思路。2020年2月23日，科技部印发《关于破除科技评价中"唯论文"不良导向的若干措施（试行）》通知。文件明确要求破除"唯论文"论的不良导向，打造中国高质量科技期刊。论文评价实行代表作制度，提高高质量论文考核评价权重。"代表作制度"广受关注，同时也面临一些困境，比如"代表作"由谁来评？谁是"代表作"评价的真正专家？多位专家学者就如何建立一套完整、科学的评价体系来保障学术代表作制度更好的实施提出了思考与建议。例如，建议分层次推进代表作评价制度、分类别推进代表作评价制度以及推行负责任的同行评议制度[①]；必须以学术思维构建评价体系，坚持分类评价、多元评价，加强代表作基础理论问题与评价实践的研究，以学术成果的质量与贡献为核心标准，定量评价与定性评价相结合，高度重视学术评价救济制度建设[②]。

国际评估是近年来科技评价改革政策中的新焦点。如2018年1月，《国务院关于全面加强基础科学研究的若干意见》（国发〔2018〕4号）提出"自由探索类基础研究主要评价研究的原创性和学术贡献，探索长周期评价和国际同行评价。"但是目前，我国国际评估方法研究尚处于起步阶段，一些关键问题值得深入研究和探讨，如国际评估的必要性、可行性、操作性以及如何用好国际评估结果。作为我国科技体制改革的先锋者，中国科学院早在2004年就尝试对所属研究所开展国际评估[③]。2012年以来，中国科学院进一步扩大了研究所国际评估的范围，并在其"率先行动"计划第一阶段探索了对中国科学院卓越创新中心的国际评估。中国科学院研究所国际评估的发展历程，不断深化了对国际评估的认识，为指导和优化我国国际评估的实践提供了借鉴。

负责任评价是国际上近年来悄然兴起并得到较多关注的科技评价新理

---

① 石长慧，张娟娟．推进代表作评价制度不宜"一刀切"[J]．科技中国，2020（11）：14-17．
② 杜学亮．代表作评价制度的困境与出路[J]．中国政法大学学报，2019（2）：74-79，207．
③ 徐芳，周长海．中国科学院研究所国际评估的回顾与展望[J]．中国科学院院刊，2020，35（12）：1455-1462．

论与方法。国际多个知名学术组织围绕负责任评价进行了不同层面的探索。例如，旧金山宣言联盟（The San Francisco Declaration on Research Assessment，DORA）[①] 从科研评估关键利益主体角度出发，立足于资助机构、研究机构、出版机构、指标提供机构以及科研人员等，就其如何恰当地使用期刊影响因子、开展负责任评价提出了具体倡议和针对性建议；英国高等教育基金委员会（HEFCE）从稳健性、谦退性、透明性、多样性和自反性5个维度提出了负责任指标（Responsible Metrics，RM）的概念，作为在研究的治理、管理和评估中合理使用定量指标的一种方式；科研管理学会国际联盟（the International Network of Research Management Societies，INORMS）将负责任评价作为研究重点之一，聚焦科研评价的关键环节，提出了负责任评价在评估目的、评估背景、评估方法、元评估等不同环节中的具体要义和内容，将其称为SCOPE（Start-Context-Options-Probe-Evaluate）原则。与此同时，我国国家自然科学基金委在2018年提出试点"负责任、讲信誉、计贡献"评审机制，可看作是负责任评价在中国的探索。

四、评估专家视点

针对近几年科技评估行业的发展趋势，邀请国内科技评估领域的资深专家，从各自的视角出发给出观察和思考。来自不同实践领域的专家均肯定了科技评估行业发展壮大的趋势，从评估标准、人才队伍、改革举措、实践活动等方面可见一斑。同时，专家们也一致认为科技评估的整体发展需要提升评估思维、加强实践导向，这也是他们对青年评估人员提出的殷切希望。

从国际视野看中国科技评估的发展趋势，陈兆莹分享了她的观察以及与国际评估同行交流合作中的体会。一方面，中国科技评估在制度、队伍、研

[①] HOPPELER H. The San Francisco Declaration on Research Assessment[J]. Journal of Experimental Biology, 2013, 216(12): 2163-2164.

陈兆莹
科技部科技评估中心原副主任　研究员
联合国开发计划署评估办公室国际顾问
组成员（2013—2020年）

究和实践等方面都取得了很好的进展；另一方面，科技评估的发展进程还落后于中国科技事业整体发展的规模和速度，尚未形成与中国国际地位和科技实力相匹配的科技评估国际影响力。对此，我们应有清醒的认识。

关于中国科技评估发展趋势，陈兆莹认为一个重要特点体现为从中国科技管理决策的需求出发，同时努力借鉴国际经验。在借鉴评估国际经验时，还特别注意区分技术层面、行为规范层面和政策制度层面的不同问题。在技术层面学习借鉴国际经验相对比较单纯，行为规范层面则重点关注社会背景和文化差异。评估政策制度层面的问题与国家、部门和组织的体制机制相关，西方发达国家和国际组织的经验不可避免地是以他们的体制机制作为前提或是隐含前提的，在这个层面借鉴国际经验时应当比较谨慎，而不是简单复制国际上的做法。科技评估的发展历程表明，借鉴国际经验是中国特色科技评估体系建设过程中不可或缺的环节。

谈到当前科技领域国际合作交流的障碍时，陈兆莹认为，尽管有多重因素，尤其是地缘政治因素，正在抑制国际科技合作的意愿，但只要我们以开放的态度面向世界，在评估的国际合作中仍有发挥的空间。例如，如何从海量数据中挖掘出可信和有用的评估证据，评估中引入生成式人工智能方法的潜在优势、风险和局限性等，这些国际上尚未完全形成共识的问题和开拓性的工作，可以作为参与国际合作的突破口。陈兆莹表达了对年轻的评估同行的希望和鼓励：希望青年评估人员对中国科技评估事业怀有强烈的使命感和责任感，扎实地投入到评估的研究和实践中去，并且注意以国际视野去分析和研究中国科技评估的问题，完全有条件成长为对中国科技评估做出实际贡献又具有国际影响力的评估专家。

谈到科技评估的发展趋势，方衍指出，科技评估受到越来越多重视，人们对评估的认识正在提高；科技评估活动越来越重视数据的使用，评估中的数据化水平正在提高，这是好的方面。同时，他也指出了一些不足和风险。例如，评估中的批判性思维和反思精神有所弱化，因此评估的客观性、中立性和有用性存在下降的风险。再如，数据化水平的提高不等于评估的高级化，应警惕数据掩盖客观分析的现象。方衍对青年评估人员提出4点建议，一是掌握扎实的专业知识和技能；二是加深对评估对象的了解；三是培养批判性思维等评估思维方式；

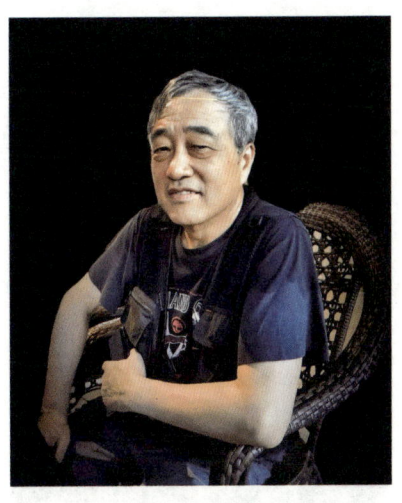

方衍
科技部科技评估中心原副主任　研究员

四是投入实践中领悟评估，提升业务操作能力。

在谈到科技评估的理论和方法的趋势时，李晓轩从3个方面进行了解答。一是科技评价越来越注重数据的应用，全球科技界都在积极探索如何更好地将定量信息应用在科技评价中，为定性评价以及评价结果发挥作用；二是"破四唯"导向已经在国内形成共识，这与国际上的旧金山宣言、莱顿宣言的核心是一致的。在这一导向下，科技界积极探索新的科技评估理论方法，比如，在人才评价方面，提出了代表作制度，部分学校在探索预聘制以及国际评估制度等。有些机构在探索中已经积累了一些实践经验，具有参考借鉴意义；三是"负责任评

李晓轩
中国科学院管理创新与评估研究中心主任　二级研究员　博士生导师

价"在国内外科技界逐渐兴起并受到关注，这源于欧洲倡导的"负责任科研"。国家自然科学基金委提出的"负责任、讲信誉、计贡献（RCC）"评审

机制，还有目前提倡的负责任同行评议等，都是在进一步探索和推动更加科学合理、更加符合科研规律的科技评价理论和方法。对于评估行业的青年人才，李晓轩也寄予厚望并提出，希望青年人才提升责任担当意识，积极在国际舞台发声，展现出我国年轻一代科研评估人的能力与风采。

游光荣
军事科学院首席专家　曾任军委装备发展部某中心主任，兼任预研管理中心、装备采购评价中心主任

关于近几年我国科技评估行业的发展趋势，游光荣谈到，当前我国科技评估已经进入了一个新阶段，其重要的标志有3个方面，一是科技评估的国家标准和通则都已经正式颁布执行了，《科技评估通则》（GB/T 40147—2021）和《科技评估基本术语》（GB/T 40148—2021）两项推荐性国家标准已经正式发布。国家标准的颁布对建立健全科技评估标准体系、推动科技评估行业高质量高效能发展具有重大意义；二是现在全国的科技评估队伍也有了一定规模，从中央到地方、从科技到教育到各行各业，都有了相当可观的科技评估从业人员；三是，针对"三评"中的重要内容，科技项目评估——战术层次的科技评估，目前已经日趋成熟。游光荣进一步谈到，我国科技评估的发展趋势应当是战略层次的科技评估，即对科技发展战略、科技发展规划、科技政策和科技体制改革进行评估，这些既是科技评估中的难点问题，但也恰恰是科技评估的发展趋势。由此，他对科技评估行业的青年人才寄予厚望。他希望青年人才可以从2个方面努力：一是针对要评估的问题或对象，要具有专家般的洞察力，不断深入思考和勇于提问和挑战自我；二是要提高评估活动的组织协调能力和影响力，这样对科技评估的问题和认识不仅仅停留在纸面上，而是通过具体的评估实践活动，对科技评估以及其对管理和决策的作用和影响有更为深刻的认识。

在谈到科技评估行业发展的新气象时，项勇认为，首先是科技部设立科技监督与诚信建设司后,地方也建立了相应管理机构,如河南省郑州市就建立了主管科技评估的处室,对科技评估工作的统筹协调与管理无疑是加强了,科技评估已经成为支持科技创新的基础制度之一。其次是"三评"改革和分类评价工作推进取得较大进展,地方出台的评价相关文件严格按照国家要求予以落实,不符合国家要求的评价指标和做法得到全面整改,以质量、贡献、绩效为核心的评价导向深入人心。再次是政府购买服务制度建设和财政部门推行的全面预算绩效评价工作对于公共财政科技活动的评估发挥了促进作用,项目管理专业机构的出现对加强和优化评估也有所帮助。但是在地方层面,将科技评估作为主业的机构还不多,究其原因是科技评估活动还未明确纳入科技管理的法定环节,多数地方科技管理部门没有将科技评估列入政府采购服务清单,任务来源和经费保障具有很大的不确定性。再其次是,虽然评估理论和方法的研究还有待加强,但是评估实践中对逻辑模型、变革理论等评估理论和方法的探讨越来越多,这是一个好的现象。最后是中国科技评估标准化技术委员会和中国科技评估与成果管理研究会标准化管理委员会的成立极大地推动了科技评估标准化体系建设,这对科技评估的规模化、规范化发展十分必要。

项 勇
河南省科技创新促进中心
(原河南省生产力促进中心、
河南省科技咨询评估中心)
总经济师 教授级高级工程师

第四章
科技评估标准化建设[①]

标准是经济活动和社会发展的技术支撑，是国家基础性制度的重要方面。标准化在推进国家治理体系和治理能力现代化中发挥着基础性、引领性作用。近年来，随着科技评估的迅速发展，科技评估标准化越来越受到广泛的关注。中共中央、国务院印发的《国家标准化发展纲要》提出要"推动标准化与科技创新互动发展"，科技评估作为支撑科技创新的重要工具，尤其要加强标准化建设，科技评估标准化对于促进行业高质量发展具有重要意义。

一、科技评估标准化概述

科技评估是遵循一定的准则，运用规范的程序和科学的方法，对科技活动及其有关行为和要素所开展的专业化评价与咨询活动。广义的科技评估包

[①] 本章编写人员：徐耀玲、屈明剑、昝婷婷、董晶华、任晓蕾、丁锦建。

括评估机构或专家组开展的与科技活动有关的各类评价、评议和评审活动。狭义的科技评估特指评估机构开展的与科技活动有关的各类评价活动[①]。科技评估为政府和社会各方提供服务，为优化科技管理和决策、合理配置资源、加强引导激励和监督问责、提高科技活动实施效果提供参考和依据。

标准化是为了在既定范围内获得最佳秩序，促进共同效益，对现实问题或潜在问题确立共同使用和重复使用的条款以及编制、发布和应用文件的活动[②]。标准化活动确立的条款，可形成标准化文件，包括标准和其他标准化文件。标准化的主要效益在于为了产品、过程或服务的预期目的改进它们的适用性，促进贸易、交流以及技术合作。

科技评估的标准化是为了在科技评估领域内获得最佳秩序，促进共同效益，对现实问题或潜在问题确立共同使用和重复使用的条款以及编制、发布和应用文件的活动[③]。

科技评估和标准化两项工作都是中共中央、国务院创新驱动发展战略和标准化战略顶层设计中的重要内容[④]，科技评估的标准化工作是科技评估和标准化两方面工作的重要内容之一，是科技评估和标准化工作的结合，即在科技评估领域开展标准化建设，制定和实施标准，指导和规范科技评估活动，促进科技评估高质量发展。

中共中央、国务院出台的科技评估相关制度文件明确提出科技评估标准化要求。《国家"十二五"科学和技术发展规划》中明确提出"推动科学技术研究项目的标准化评价"的要求。《"十三五"国家科技创新规划》要求制定监督评估通则和标准规范。中共中央、国务院颁布的《关于深化科技体制改革加快国家创新体系建设的意见》（中发〔2012〕6号）指出要"根据不同类型科技活动特点，注重科技创新质量和实际贡献，制定导向明确、激励

---

① GB/T 40148—2021 科技评估基本术语。
② GB/T 20000.1—2014 标准化工作指南 第1部分：标准化和相关活动的通用术语。
③ 同①。
④ 李萌. 大力推进科技评估和标准深度融合创新发展［J］. 中国标准化，2017，489（1）：32-35.

约束并重的评价标准和方法"。中共中央办公厅、国务院办公厅印发《深化科技体制改革实施方案》，提出要"建立统一的国家科技计划监督评估机制，制定监督评估通则和标准规范"。《国务院关于改进加强中央财政科研项目和资金管理的若干意见》（国发〔2014〕11号）提出"推进科技评价和奖励制度改革，制定导向明确、激励约束并重的评价标准"。《中共中央办公厅、国务院办公厅关于深化项目评审、人才评价、机构评估改革的意见》（中办发〔2018〕37号）明确提出对于项目评审，要"严格依据任务书确定的目标、指标和验收工作标准规范进行考核评价"；对于机构评估，要"确定合理的评价方式和标准"。《国务院办公厅关于完善科技成果评价机制的指导意见》（国办发〔2021〕26号）明确提出"制定科技成果评价通用准则，细化具体领域评价技术标准和规范。建立健全科技成果第三方评价机构行业标准，明确资质、专业水平等要求，完善相关管理制度、标准规范及质量控制体系"。

科技部等管理部门出台的科技评估相关制度文件也对科技评估标准化提出明确要求。科技部《关于印发科技监督和评估体系建设工作方案》（国科发政〔2016〕79号）明确提出要"把制订和完善制度标准规范摆在优先位置"。《科技评估工作规定（试行）》（国科发政〔2016〕382号）明确提出"推动建立科技评估技术标准和工作规范"。人力资源和社会保障部、科技部联合印发的《关于深化自然科学研究人员职称制度改革的指导意见》（人社部发〔2019〕40号）明确提出"以品德、能力、业绩为导向，科学制定评价标准"。人力资源和社会保障部印发《关于改革完善技能人才评价制度的意见》（人社部发〔2019〕90号）提出"科学制定评价标准""健全技能人才评价标准"等。人力资源和社会保障部《关于支持企业大力开展技能人才评价工作的通知》（人社厅发〔2020〕104号）提出"依托企业开发评价标准规范。适应产业发展和技术变革需求，发挥企业技术优势开发职业技能标准或评价规范，建立科学合理、符合生产实际的评价标准体系"。教育部《关于正确认识和规范使用高校人才称号的若干意见》（教人〔2020〕15号）提出"优化评价标准和方式，合理运用综合评价、分类评价、代表性成果评价、同行评价等方式科学开展评价,健全以创新能力、质量、实效、贡献为导向的人才评价体系"。

标准化领域的各类制度文件也纷纷将科技评估作为国家标准制修订的重要领域。《国家标准化发展纲要》提出"完善科技成果转化为标准的评价机制和服务体系,推进技术经理人、科技成果评价服务等标准化工作"。《国家标准化体系建设发展规划(2016—2020年)》(国办发〔2015〕89号)明确提出要加强研发设计、科技成果转化、科技咨询等服务业标准化体系建设及重要标准研制,全面提高新兴服务领域标准化水平。2019年和2021年的国家标准立项指南均将"科技服务"作为国家标准制修订的重点领域,同时,2021年国家标准立项指南还将"科技成果转化"作为国家标准制修订的重点领域。

二、科技评估标准化组织建设

科技评估标准化组织承担着科技评估标准的研制、归口管理和宣贯培训的职责。标准可分为国际标准、国家标准、行业标准、地方标准、团体标准和企业标准,对应的标准化组织也分为国际、国家、行业、地方、团体和企业几种类型。

(一)全国科技评估标准化技术委员会

全国专业标准化技术委员会是在一定专业领域内,从事国家标准起草和技术审查等标准化工作的非法人技术组织。全国科技评估标准化技术委员会(SAC/TC580)(以下简称"科技评估标委会")于2019年8月正式成立。在此之前,2016年2月,科技部科技评估中心牵头成立了全国科技评估标准化工作组,组织开展科技评估标准化相关工作,为科技评估标委会的筹建奠定基础。同年9月,科技部向国家标准委提交了筹建科技评估标委会的申请,经过申请、答辩、筹建、公告等环节,2019年8月国家标准委正式批复成立全国科技评估标准化技术委员会。科技评估标委会主要负责科技政策评估、科技计划评估、科技项目评估、科技成果评估、区域科技创新评估、科技机构与基地评估、科技人才评估、科技经费评估、科技绩效与影响评估等领域国家标准制定、修订及归口管理工作。科技评估标委会由科技部负责日常管理和业务指导,秘书处由科技部科技评估中心承担。第一届科技评估标委会由48名委员组成,时任科技部副部长李萌同志担任主任委员。

科技评估标委会一经成立,就制定了章程、秘书处工作细则、工作计划、项目申报与立项推荐工作程序等一系列制度文件,规范标委会管理,并开展了网站、微信公众号建设,定期发布《科技评估标准化》简报,组织开展标准化研究、交流、培训等。科技评估标委会制定了科技评估国家标准体系,作为科技评估领域标准研制的规划蓝图,并据此发布了年度国家标准项目征集通知,明确标准研制重点,有序部署各类标准研制。

截至2021年12月,科技评估标委会归口管理了2项推荐性国家标准和8项在研国标项目。其中,《科技评估基本术语》和《科技评估通则》2项国标于2021年5月发布,2021年12月实施,是科技评估领域基础核心标准。《科学技术研究项目评价通则》正在修订,《科学技术研究项目评价实施指南 基础研究项目》《科学技术研究项目评价实施指南 应用研究项目》《科学技术研究项目评价实施指南 开发研究项目》《科技评估的分类》《科研机构评估指南》《企业科技创新系统能力水平评价规范》《科技人才评价规范》正在研制。

(二)科技评估团体标准化组织

2018年新修订的《中华人民共和国标准化法》发布实施,在原有的国家标准、行业标准、地方标准、企业标准体系中增加了团体标准。团体标准是由依法成立的社会团体为满足市场和创新需要,按照团体确立的标准制定程序,自主制定发布,团体成员约定采用,或按照团体规定供社会自愿采用的标准。团体标准因为其来自市场需求,具有天然的市场属性和自下而上的特性，成为国家标准化改革的一大重点与亮点。相较于国家标准，团体标准具有制定周期短、工作机制灵活、响应迅速、创新性强的特点，受到了国家的大力鼓励和社会的广泛关注。

中国科技评估与成果管理研究会（以下简称"研究会"）是科技评估领域全国性的社会团体组织。2018年10月，研究会制定了团体标准化管理办法，组建了标准化管理委员会，委员会由20名委员组成，委员会办公室设在科技部科技评估中心。截至2021年12月，研究会已发布实施了《科技评估 术语》《科技评估 准则》《科技评估 分类》《科技成果评估规范》《企业科技创新系统能力评价规范》5项团体标准。

一些行业联合会或创新联盟设立了科技评价相关的标准化技术委员会。如中国电力企业联合会（以下简称"中电联"），下设电力科技评价标准化技术委员会，负责统筹管理电力行业科技评价标准体系，开展电力科技评价标准化建设，制定电力科技成果评价、项目立项评价、项目验收评价等标准，并承担标准解释工作。中电联已发布实施了《电力科技项目后评估导则》《电力科技项目立项评价导则》等团体标准。中关村华电能源电力产业联盟下设了能源电力科技成果转化标准化技术委员会，开展能源电力科技成果转化方面的团体标准研制。还有一些社会团体也围绕需求，发布实施了一系列科技评估相关的团体标准，如中国技术市场协会发布实施了《科技成果评价工作指南》，中国科技产业化促进会发布实施了《企业创新影响力评价体系》，四川省技术市场协会发布实施了《四川省科技成果评价通用规范》，首都科技服务业协会发布实施了《科技成果转化成熟度评价规范》，中国标准化协会发布实施了《应用技术类科技成果评价规范》等。

（三）科技评估行业标准、地方标准和企业标准的组织管理

各行业部门负责归口本领域科技评估相关的行业标准，各地方科技部门和市场监督管理部门负责制定发布科技评估领域相关地方标准。科技评估相关企事业单位则自主制定本单位的科技评估标准，一些大企业内部设立标准

化部门，统筹开展标准化建设，其中部分涉及科技评估领域。科技部科技评估中心是为数不多的设立了专门的标准化部门的评估机构，该部门负责评估中心的标准化统筹规划、标准研制、宣贯培训等工作。

三、科技评估标准体系

本节从国际标准、国家标准、行业标准、地方标准、团体标准、企业标准 6 个层次，对科技评估领域相关标准进行了梳理[①]。

（一）科技评估相关国际标准

目前，科技评估领域相关国际标准十分有限。仅有国际标准化组织（ISO）创新管理技术委员会（ISO/TC279 Innovation management）和欧洲标准化委员会（CEN）发布的创新管理评价相关标准（详见表 7），内容包括创新管理评价的流程、方法等。

表 7　国际标准现状

序号	标准名称	标准号
1	Innovation Management Assessment-Guidance（创新管理评价指南）	ISO/TR 56004：2019
2	Innovation management-Part 7：Innovation Management Assessment（创新管理　第 7 部分：创新　管理　评价）	CEN/TS 16555-7：2015

一些发达国家的政府或团体、国际组织制定了评估指南或规范性文

---

① 数据来源于国家标准化管理委员会全国标准信息公共服务平台、万方数据知识服务平台、江苏省企业知识服务平台等网络公开数据库。

件①②③，以提高评估工作的专业性、可靠性与规范性，内容涉及评估规范和指南、计划评估标准、评估准则和评估原则等（详见表8）。这些文件虽然不具备标准的规范格式和制定程序，不是严格意义上的标准，但以组织自身需求为导向，具有较强的评估实践指导作用，对于我国科技评估界具有借鉴意义。

表8　部分国家政府或团体、国际组织发布的评估标准规范

序号	组织名称	评估标准规范名称	内容要点
1	美国教育评估标准联合委员会	计划评估标准（The Program Evaluation Standards）	实用性、可行性、正确性、精确性
2	美国评估协会	评估人员指导原则（Guiding Principles For Evaluators）	规范了评估人员遵循的准则和原则
3	美国预算管理办公室	计划分级评价工具（Guide to the Program Assessment Rating Tool）	明确阐述了计划目的和设计、战略规划、计划管理以及计划结果4个方面应该重点关注的评估关键问题
4	加拿大评估学会	道德行为准则（Code of Ethics）	要求评估从业者遵守胜任、正直和责任3项行为准则
5	英国财政部	紫皮书——评价指导手册（The Magenta Book——Guidance for evaluation）	政策评价的关键议题、选择正确的政策评价类型、制定评价框架、数据收集、过程评价、行动研究和案例研究、评价证据的汇总和报告等
6	英国研究理事会	评估操作指南（Evaluation: Practical Guidelines——A guide for evaluating public engagement activities）	什么是评估、建立评估策略、收集数据的工具和技术、数据处理的工具和技术、报告等

---

① 陈强，胡焕焕，鲍悦华. 科技评估标准：国外的经验与启示［J］. 中国科技论坛，2012，(5)：22-28.
② 日本内阁府.「国の研究開発評価に関する大綱的指針」(2016-12-21) [2023-10-22]. https://www8.cao.go.jp/cstp/kenkyu/taikou201612.pdf.
③ 日本内阁府. 各府省の研究開発評価指針における国の研究開発評価に関する大綱的指針改定を踏まえた対応状況一覧（平成22年1月現在）(2020-6-24) [2023-10-22]. https://www8.cao.go.jp/cstp/kenkyu/siryo3-1.pdf.

（续表）

序号	组织名称	评估标准规范名称	内容要点
7	德国评估共同体	德国评估公司标准（DeGEval—Standards）	实用性、可行性、公平性与精确性
8	瑞士评估联合体	瑞士评估办公室标准（Evaluation standards of SEVAL）	实用性、可行性、正确性和精确性
9	奥地利研究与技术评估平台	奥地利研究与技术政策评估标准	政策循环中的评估、评估的层次和时间点、评估的方法和工具、评估的道德规范
10	欧盟委员会	欧盟活动评估指南（Evaluating EU Activities——a practical guide for the Commission Services）	评估任务、定义和范围，评估功能的简介、作用、风险和来源，评估设计，引导评估，最终报告、传播和评估报告的使用等
11	日本内阁府	1. 国家研究开发评估的纲领性指南 2. 文部科学省的研究及开发有关的评估指南	重视事前评价和评估结果的有效利用，实施PDCA即"计划—执行—检查—处理"评价循环系统和研究开发"达成度"评价
12	联合国评估组	评估规范与标准（Norms and standards for evaluation）	评估的通用规范、评估的制度规范和评估标准，其中评估标准针对制度框架、评估功能的管理、评估能力、评估的执行和评估质量5个方面进行阐述
13	经济合作与发展组织	评估和面向结果的管理关键术语（Glossary of key terms in evaluation and results based management） 发展援助评估原则（Principles for evaluation of development assistance——development assistance committee） 发展援助评估准则（Criteria for Evaluating Development Assistance）	评估通用术语，提出并细化了相关性、有效性、效率性、影响性以及持续性等
14	世界银行	国际金融组织贷款项目绩效评价操作指南（Guidelines for performance evaluation of international financial institution loan projects in China）	项目绩效评价的基本概念、评价任务的组织、编制评价任务大纲、绩效评价设计、绩效评价的实施、评价结果的报告、评价结果的使用和扩散、绩效评价的质量控制等

（二）科技评估相关国家标准

根据科技评估标委会制定的科技评估国家标准体系结构图（图4），我国科技评估国家标准体系可以划分为基础、通用和应用3个层次，其中基础层标准是科技评估领域的基本标准，包括：科技评估基本术语、科技评估通则、科技评估的分类等，统领通用和应用层标准。通用层标准受基础层标准的统领，又对应用层标准具有指导意义，包括科技评估组织与管理类标准、技术与要素类标准两种类型。应用层标准按科技评估对象划分，包括科技政策、科技项目、科技成果、科技机构、科技人才等类型，每一类型的标准又可细化成若干具体的标准，如科技项目评估标准可分为《科学技术研究项目评价通则》标准以及更细分的《科学技术研究项目评价实施指南 基础研究项目》《科学技术研究项目评价实施指南 应用研究项目》《科学技术研究项目评价实施指南 开发研究项目》等标准。科技评估国家标准体系框架有效

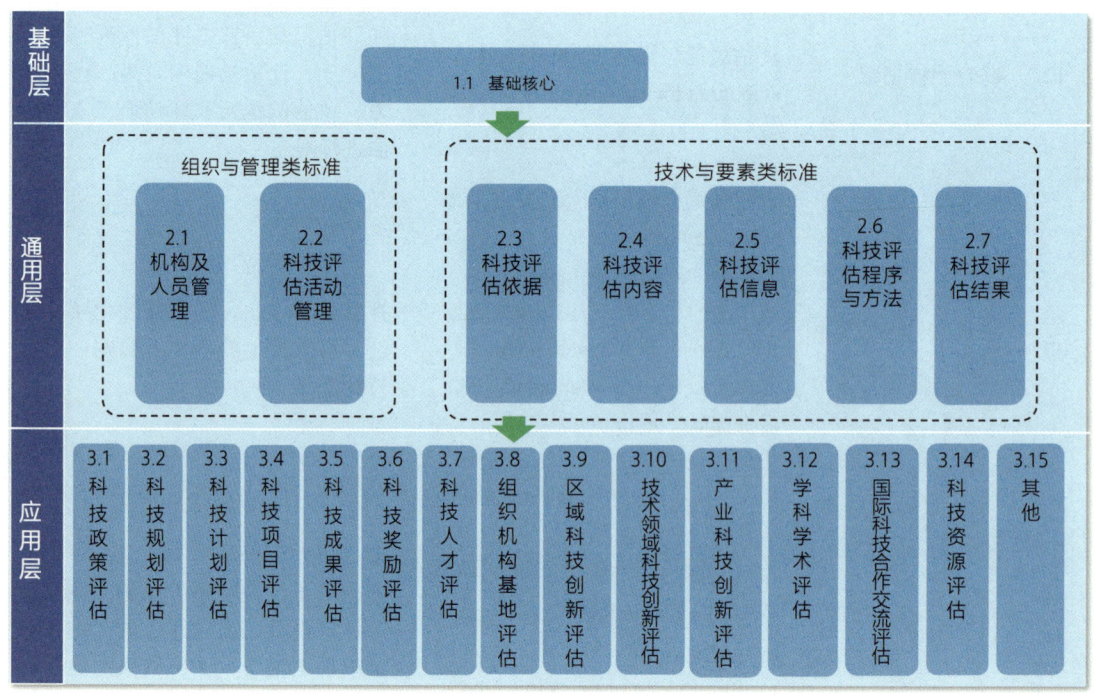

图4 科技评估国家标准体系结构

指导了科技评估领域的标准布局，有序推进科技评估标准化建设。随着科技评估的发展和国家标准研制需求的变化，科技评估标准体系框架将不断动态调整、优化完善。

当前，我国科技评估领域已经发布实施和在研的国家标准整体较少（表9），均为推荐性标准。基础层的3个标准由科技部科技评估中心牵头起草，是各类科技评估活动的委托、组织、实施、应用、管理等的基本遵循。其中，《科技评估基本术语》（GB/T 40148—2021）规定了科技评估领域的常用基本术语，包括科技评估一般术语、类型术语、管理术语、组织实施术语、技术方法术语、结果术语六大类共80项。《科技评估通则》（GB/T 40147—2021）提出了评估工作中应遵循的独立、客观、公正、科学、专业、可信、务实、尽责、规范、尊重10个基本准则，目的、委托者、评估者、对象、内容、依据、信息、程序、方法、结果10个评估要素，明确了评估活动基本程序的4个阶段共16个步骤。《科技评估分类》（GB/T 42776—2023）以评估对象作为主要分类维度，以范围、科技活动类型、评估内容、时间节点、评估者、委托者、评估目的等作为附加分类维度，采用基本代码和附加代码相结合的编码方式对科技评估进行分类和编码，满足多角度、多场景的应用需求。

科技成果和科技奖励评估方面已发布实施3个标准，包括：科技部农村技术开发中心牵头起草的《农业科技成果评价技术规范》（GB/T 32225—2015）明确了农业领域应用开发类、软科学类和基础研究类科技成果评价的原则、评价内容和评价程序；《科技成果经济价值评估指南》（GB/T 39057—2020）提出了科技成果经济价值评估涉及的术语和定义、评估方法、评估机构以及评估程序方法等；武汉大学中国科学评价研究中心、国家科技奖励工作办公室等起草的《科技奖励评价分类单元》（GB/T 33268—2016）规定了自然科学与技术领域（民用）内的科技奖励的各学科、专业评价组评价范围设置原则、依据和对应学科。

科技项目评估方面已发布实施了由中国标准化研究院牵头起草的《科学

技术研究项目评价通则》（GB/T 22900—2009），该标准提出了科学技术研究项目评价的基本原则和要求，主要基于技术就绪水平的评价。2019年该标准进行了修订，扩大了标准适用范围，新增了评估原则、目的、环节、内容、指标体系、部分术语和定义，修改了评估方法和程序中的部分内容。同时《科学技术研究项目评价实施指南 基础研究项目》《科学技术研究项目评价实施指南 应用研究项目》《科学技术研究项目评价实施指南 开发研究项目》3个国家标准正在研制中，以满足项目分类评估的需求。科技机构评估方面，科技部科技评估中心正在牵头起草《科研机构评估指南》，科技人才评估方面，科技部人才交流开发服务中心正在牵头起草《科技人才评价规范》。

此外，已发布实施的国家标准中有一些标准部分涉及科技评估，如《科技服务业分类》（GB/T 32152—2015）、《知识管理 第6部分：评价》（GB/T 23703.6—2010）等。

表9 科技评估领域已发布实施和在研的国家标准*

序号	标准名称	标准号或标准计划号	状态	归口单位
1	科技评估通则	GB/T 40147—2021	发布实施	全国科技评估标准化技术委员会TC580
2	科技评估基本术语	GB/T 40148—2021	发布实施	
3	科学技术研究项目评价通则（修订）	20194392-T-306	正在报批	
4	科学技术研究项目评价实施指南 基础研究项目	20194389-T-306	正在报批	
5	科学技术研究项目评价实施指南 应用研究项目	20194390-T-306	正在报批	
6	科学技术研究项目评价实施指南 开发研究项目	20194391-T-306	正在报批	
7	科技评估的分类	20211114-T-306	发布实施	
8	科研机构评估指南	20213499-T-306	正在起草	

（续表）

序号	标准名称	标准号或标准计划号	状态	归口单位
9	科技人才评价规范	20213500-T-306	正在起草	全国科技评估标准化技术委员会 TC580
10	企业科技创新系统能力水平评价规范	20213501-T-306	正在起草	
11	农业科技成果评价技术规范	GB/T 32225—2015	发布实施	科学技术部
12	科技奖励评价分类单元	GB/T 33268—2016	正在起草	全国信息与文献标准化技术委员会 TC4
13	科技成果经济价值评估指南	GB/T 39057—2020	正在起草	全国科技平台标准化技术委员会 TC486

* 数据截至 2021 年。

（三）科技评估相关行业标准

科技评估领域的行业标准起步较早，但数量很少，如中国气象局发布的《气象科技成果鉴定规程》（QX/T 34—2005）和《气象科技成果认定规范》（QX/T 432—2018），国家烟草专卖局发布的《烟草农业科技成果经济效益计算方法》（YC/T 220—2007）等，它们具有鲜明的行业特色，有些虽然不是典型的科技评估，但与评估相关。

（四）科技评估相关地方标准

河北、山西、辽宁、吉林、上海、浙江、安徽、山东、湖北、湖南、广东、广西、重庆、四川、新疆等地发布实施了科技评估领域的地方标准（详见表10），主要是应用层标准，涉及科技成果、科技项目、科技企业、科技基地与平台、科技信用等多个评估对象。

多地发布实施的成果评估标准对科技成果评估的术语定义、基本原则、评估内容和评估程序等作出了规定，如《科技成果转化价值评价规范》（河北省）、《科技成果评价规范》（山西省太原市）、《科技成果评价技术成熟度评价要求》（安徽省）、《科技成果评价规范》（安徽省）、《科技成果标准化评价规范》（山东省青岛市）、《科技成果评价规范》（湖南省）、《科技成果评价通用要求》（四川省成都市）、《科学技术成果评价指标》（广西壮族自治区）等。其中，安徽省、青岛市、成都市参考了技术就绪度的评估方法，具有一定相通性。

广东省发布实施了《中医药科技项目管理绩效评估》和《科技计划项目立项评审服务规范》，对项目绩效评估和立项评审的程序、方法等作出规范。重庆市发布实施了《科研项目评审规范》，对科研项目评审原则、机构、信息管理、科技专家库、评审方式、评审流程、质量控制等提出了明确要求。浙江省丽水市发布实施了《科技项目绩效评价规范》，对科技项目绩效评价的基本要求、评价内容与方法、评前审查、评价实施和评价结论等作出规范。

部分地方对科技企业、基地、智库、协会、技术、知识产权等对象的评估制定了标准，如《科技型中小微企业技术创新体系建设和评价指南》（浙江省）、《企业创新能力评价导则》（安徽省）、《襄阳市智慧农业示范基地评价规范》（湖北省襄阳市）、《山东省科技智库评估体系》（山东省）、《吉林省科学技术协会学会评价体系》（吉林省）、《节能技术评审方法和程序》（上海市）、《知识产权评议技术导则》（上海市）、《专利价值评估技术规范》（安徽省）、《专利价值评价规范》（山东省）等。

表10 科技评估相关地方标准（不完全统计）

序号	标准名称	标准号	地区
1	科技成果转化价值评价规范	DB13/T 5065—2019	河北省
2	科技成果评价规范	DB1401/T 1—2020	太原市
3	品牌创新成果评价规范	DB1407/T 001—2018	晋中市
4	农业社会化服务第16部分：科技成果评价	DB21T 2800.16—2017	辽宁省
5	吉林省科学技术协会学会评价体系	DB22/T 1664—2012	吉林省
6	科技咨询业服务质量规范	DB22/T 2041—2014	吉林省

(续表)

序号	标准名称	标准号	地区
7	高级人才寻访服务质量与评价要求	DB31/T 657—2012	上海市
8	知识产权评议技术导则	DB31/T 1169—2019	上海市
9	人才测评服务规范	DB31/T 571—2011	上海市
10	技术转移 技术评价规范	DB31/T 1284—2021	上海市
11	节能技术评审方法和程序	DB31/T 1219—2020	上海市
12	制造业企业技术中心评价规范	DB33/T 2105—2018	浙江省
13	科技型中小微企业技术创新体系建设和评价指南	DB33/T 2190—2019	浙江省
14	科技企业孵化器服务分级评价规范	DB3301/T 0320—2020	杭州市
15	科技项目绩效评价规范	DB3311/T 143—2020	丽水市
16	绿色项目评价规范	DB3308/T 070—2020	衢州市
17	绿色企业评价规范	DB3308/T 069—2020	衢州市
18	科技成果评价规范	DB34/T 3061—2017	安徽省
19	科技成果评价技术成熟度评价要求	DB34/T 3309—2018	安徽省
20	专利价值评估技术规范	DB34/T 3582—2020	安徽省
21	企业创新能力评价导则	DB34/T 3310—2018	安徽省
22	科技成果转化服务规范	DB3401/T 240—2021	合肥市
23	中小企业服务机构服务评价指标	DB3401/T 210—2020	合肥市
24	山东省科技智库评估体系	DB37/T 3919—2020	山东省
25	专利价值评价规范	DB37/T 4455—2021	山东省
26	科技成果标准化评价规范	DB3702/FW KJ 003—2017	青岛市
27	应用类科技成果评价规范	DB3713/T 240—2021	临沂市
28	襄阳市智慧农业示范基地评价规范	DB4206/T 1—2017	襄阳市
29	科技成果评价规范	DB43/T 1818—2020	湖南省
30	品牌价值评价	DB43/T 1984—2021	湖南省

（续表）

序号	标准名称	标准号	地区
31	中医药科技项目管理绩效评估	DB44/T 1952—2016	广东省
32	科技计划项目立项评审服务规范	DB44/T 2020—2017	广东省
33	中小企业卓越绩效评价准则	DB4404/T 13—2021	珠海市
34	科技成果评价服务规范	DB4407/T 75—2021	江门市
35	科学技术成果评价指标	DB45/T 1399—2016	广西壮族自治区
36	科研项目评审规范	DB50/T 1029—2020	重庆市
37	农业科技成果效益计算方法及规程	DB51/T 2858—2021	四川省
38	科技成果评价通用要求	DB510100/T 247—2017	成都市
39	成都市软件和信息技术服务企业能力成熟度评价体系	DB5101/T 98—2020	成都市
40	科技信用评价服务规范	DB65/T 3315—2011	新疆维吾尔自治区

（五）科技评估相关团体标准

近年来，科技评估团体标准发展较迅速，各类学会、协会、研究会等社会团体面向团体需求，积极探索和开展团体标准研制，对基础、通用和应用3个层面的标准都有所涉及（详见表11）。

基础通用层标准数量总体较少，中国科技评估与成果管理研究会发布实施了科技评估准则、科技评估术语、科技评估分类等标准；中国技术市场协会、四川省咨询业协会、四川省技术市场协会、东莞市科技中介同业公会等团体发布实施了科技评估机构能力相关标准。

应用层标准主要集中于科技成果、项目和企业评估，中国科技评估与成果管理研究会、中国技术市场协会、中国标准化协会、中国科技产业化促进会、中国高科技产业化研究会、中国循环经济协会、首都科技服务业协会、山西省生产力促进协会、山东电子学会、四川省技术市场协会、广东省分析测试协会、广东省防伪行业协会、中山市质量技术协会、东营质量协会、厦门市技术市场协会、徐州市发明协会、佛山市标准化协会、徐州市知识产权行业协会等团体围绕各类科技成果（如应用技术类、信息技术类、循环经济类）、科技成果产业化、科技成果转化成熟度和技术成果交易等方面的评估发布了一系列标准，规范了科技成果评估工作的术语定义、总体目标、评估依据、评估原则、评估方法、评估流程、质量要求等内容。中国电力企业联合会、山东省产学研合作促进会、东莞市科普志愿服务协会发布了科研项目评估的标准。中国科技产业化促进会、中国生产力促进中心协会、中国商业联合会、中国质量协会、山东省设备管理协会还发布了企业和产业园区科技创新评价标准。

表 11　科技评估相关团体标准（不完全统计）

序号	标准名称	标准编号	团体名称
1	科技评估　术语	T/CASTEM 1001—2020	中国科技评估与成果管理研究会
2	科技评估　准则	T/CASTEM 1002—2020	
3	科技成果评估规范	T/CASTEM 1003—2020	
4	科技评估　分类	T/CASTEM 1004—2020	
5	技术成果交易评价	T/TMAC 002.F—2017	中国技术市场协会
6	科技服务机构评价导则	T/TMAC 009.F—2019	
7	科技服务机构信用等级评价规范	T/TMAC 014.F—2019	
8	科技成果评价工作指南	T/TMAC 019.F—2020	
9	科技成果评价机构运营服务规范	T/TMAC 020.F—2020	
10	科技成果评价机构评价导则	T/TMAC 021—2020	
11	科技成果评价执业规范	T/TMAC 022.F—2020	
12	企业创新影响力评价体系	T/CSPSTC 1—2017	中国科技产业化促进会
13	产业园区创新影响力评价体系	T/CSPSTC 2—2017	
14	科技成果产业化评价体系	T/CSPSTC 3—2017	
15	企业科技成果转化绩效评价规范	T/CSPSTC 22—2019	

(续表)

序号	标准名称	标准编号	团体名称
16	四川省科技成果评价通用规范	T/STMA 001—2018	四川省技术市场协会
17	四川省科技评价机构服务能力星级评价规范	T/STMA 003—2018	四川省技术市场协会
18	科技成果转化成熟度评价规范	T/BTSA 001—2016	首都科技服务业协会
19	应用技术类科技成果评价规范	T/CAS 347—2019	中国标准化协会
20	创新成果转化落地项目成熟度评价规范	TB/BETC 0002—2017	北京企业技术中心创新服务联盟
21	全国循环经济科技成果评价指南 第1部分：技术研发类	T/CACE 001—2016	中国循环经济协会
22	全国循环经济科技成果评价指南 第2部分：软科学类	T/CACE 002—2016	中国循环经济协会
23	检验检测科技成果转化服务规范 成果评估	T/GAIA 002—2019	广东省分析测试协会
24	检验检测科技成果转化服务规范 收益评估与分配	T/HB 0008—2020	广东省防伪行业协会
25	科技创新成果评价规范	T/ZSZJX 002—2019	中山市质量技术协会
26	科技项目评审服务规范	T/PSVS 01—2020	东莞市科普志愿服务协会
27	科技服务机构能力评价规程	T/DGSTA 01—2017	东莞市科技中介同业公会
28	科技成果标准化评价规范	T/DYZL 010—2019	东营质量协会
29	科技成果评价管理规范	T/XMJS 01—2020	厦门市技术市场协会
30	科技成果评价规范	T/XAI 2—2019	徐州市发明协会
31	应用技术科技成果评价技术规范	T/FSAS 27—2018	佛山市标准化协会
32	淮海经济区科技成果标准化评价技术规范	T/JSXZIP 001—2018	徐州市知识产权行业协会
33	信息技术类科技成果评价规范	T/SDIE 001—2017	山东电子学会
34	工业企业科技创新评价指南	T/SDAPE 00002—2019	山东省设备管理协会
35	金融信息科技服务外包风险管理能力成熟度评估规范	T/CCUA 003—2019	中国计算机用户协会

（续表）

序号	标准名称	标准编号	团体名称
36	电力科技项目后评估导则	T/CEC 267—2019	中国电力企业联合会
37	电力科技项目立项评价导则	T/CEC 268—2019	中国电力企业联合会
38	科技咨询机构服务能力评价规范（试行）	T/SACF 001—2020	四川省咨询业协会
39	科技咨询师执业能力评价规范（试行）	T/SACF 002—2020	四川省咨询业协会

（六）科技评估相关企业标准

涉及科技评估业务的企事业单位围绕自身业务需要发布了一批科技评估相关企业标准，标准内容涉及基础层的术语、准则，通用层的科技评估服务标准、报告基本规范，应用层的科技成果评估规范、机构评估、人才评估、信用评估等（详见表12）。

科技部科技评估中心围绕标准化开展了系列工作，自2018年起陆续制定和实施了《科技评估基本术语》《科技评估基本准则》《科技评估报告基本规范》3项企业标准，应用效果良好，先行先试，为团标和国标的研制奠定了基础，其中《科技评估基本术语》和《科技评估基本准则》已经上升为国标。一些地方和社会化的科技评估、咨询机构等根据业务需求，制定了指导自身业务开展的标准，如北京科豆加速器科技有限公司的《科技评估服务标准》，规范了科技评估服务标准的术语和定义；厦门科技交流中心有限公司的《科技成果评价规范》，规范了科技成果评价基础、评价内容和评价过程管理；山东领潮科技服务有限公司的《科技成果评价指标体系》，明确了科技成果评价指标体系设计原则，提出了应用技术类和基础研究类科技成果评价指标体系；上海龙颖投资管理有限公司的《科技型企业项目申报评价体系标准—LY-STD-SMT-001》《科技金融服务人才评价体系标准—LY-STD-FHR-001》（表12），对评估过程、评估指标和评估主体进行了规范；江苏华商企业管理咨询服务有限公司的《新型研发机构评估规范》，对新型研发机构评估原则、要求、专家、实施、结果及运用、争议处置等作出了规范。

表 12 科技评估相关企业标准（不完全统计）

序号	标准名称	标准号	企业名称
1	科技评估基本术语	Q/NCSTE 1001—2018	科技部科技评估中心
2	科技评估基本准则	Q/NCSTE 1002—2018	
3	科技评估报告基本规范	Q/NCSTE 1003—2019	
4	科技评估服务标准	Q/110108000000KDJSQ 001—2020	北京科豆加速器科技有限公司
5	科技型企业信用评估体系标准— LY-STD-CVA-001	Q/LY 10002—2016	上海龙颖投资管理有限公司
6	科技型企业价值评估体系标准— LY-STD-VAL-001	Q/LY 10006—2016	
7	科技型企业发展状况评估标准— LY-STD-DVE-001	Q/LY 10005—2016	
8	科技型企业项目申报评价体系标准— LY-STD-SMT-001	Q/LY 10010—2016	
9	科技金融服务评价体系标准— LY-STD-FSR-001	Q/LY 10008—2016	
10	科技金融服务人才评价体系标准— LY-STD-FHR-001	Q/LY 10001—2016	
11	科技成果评价评估与协同标准化综合服务平台标准	Q/257091 HLRH 006—2017	东营黄蓝融汇生产力促进中心有限公司
12	物联网新环境下科技成果知识产权交易价值评估及定价标准	Q/LCZCPG 001—2020	连城资产评估有限公司
13	科技成果评价规范	Q/XMLL 001—2016	厦门理隆科技有限公司
14	科技成果评价规范	Q/HYXH001—2019	山西环宇星火科技咨询有限公司
15	科技成果评价通用规范	Q/XKJ001—2018	厦门科技交流中心有限公司
16	科技成果评价工作规范	Q/55898627—8.002—2016	四川智信九鼎科学技术评估有限公司
17	技术价值评价规范	Q/55898627—8.001—2016	

（续表）

序号	标准名称	标准号	企业名称
18	科技成果评价工作规范	Q/YXJT LGKF 001—2020	莱格科技服务有限公司
19	科技成果评价指标体系	Q/370705LC 005—2019	山东领潮科技服务有限公司
20	达州市科技成果评价工作规范	Q/YXJT ZXZX 002—2020	达州市智信技术转移中心
21	四川省医药卫生类第三方科技成果评价技术规范	Q/12510000450717770H 1—2020	四川省卫生健康政策和医学情报研究所
22	专利价值评估标准	Q/430104HNIPX 001—2021	湖南省知识产权交易中心有限公司
23	企业信用评估标准	Q/HRJAHX 0001—2020	建安环信（北京）信用评估有限公司
24	新型研发机构评估规范	Q/HSGL 2—2021	江苏华商企业管理咨询服务有限公司
25	知识产权评估工作规范	Q/GRDS 001—2020	北京贵荣鼎盛资产评估事务所（普通合伙）
26	专利撰写质量评价	Q/320621ND 002—2021	海安南京大学高新技术研究院

当前，我国科技评估标准发展总体呈现出以下特征：一是国家标准数量很少，筹建科技评估标委会后，进入到系统部署阶段，科技评估术语、通则、分类等基础标准已经开展了研制并陆续发布实施，但针对评估管理、技术方法和具体评估对象的标准还比较缺乏。二是行业标准数量很少，地方标准起步虽晚但数量相对较多，团体标准近几年发展迅速、数量多。三是少数标准开始迭代升级，个别起步较早的国标进入到修订、细化阶段，个别企标经过实践和完善后转化形成团体标准，最终发展成为国家标准。四是成果、项目、机构评估标准是热点，受到各方关注，多个层次标准均有涉及。五是科技评估标委会成立后，组织了全国科技评估及相关方面的优势力量，全面系统、高质量地推进科技评估标准研制，开创了科技评估标准化建设的新局面。

四、科技评估标准实施

当前,我国科技评估标准化工作仍处于起步阶段,各类标准数量总体较少,一些标准仍处于研制阶段,因此科技评估标准宣贯与实施实践整体较少。

科技部科技评估中心在2018年发布两项企业标准后,于中心内开展了宣贯培训和实施应用,带动了中心评估质量的提升,得到了科技部领导的肯定。随后,对这两项标准进行转化升级,2020年,中国科技评估与成果管理研究会两项团体标准《科技评估 术语》(T/CASTEM 1001—2020)和《科技评估 准则》(T/CASTEM 1002—2020)发布,并在科技部、中国科技评估与成果研究会等部门和单位组织的"全国'三评'改革政策培训班""中国科技评估与成果管理研究会年会""全国科技评估机构协作发展座谈研讨会"等大会上面向全国科技评估机构、科技管理部门、高校、院所、企业等单位进行了多次培训和宣贯,得到各方面的积极响应。2021年5月《科技评估基本术语》(GB/T 40148—2021)和《科技评估通则》(GB/T 40147—2021)两项国家标准发布,2021年12月正式实施。

青岛作为国家奖励办第二期科技成果评价试点城市之一,及时引入《科学技术研究项目评价通则》(GB/T 22900—2009)国家标准。在实际使用过程中,青岛市科技局组织专家团队对该标准中提出的评价指标和评价方法进行了深度研究,解决了很多实际评估中出现的问题,研究并提出了创新度和先进度这两个科技成果的核心指标及其评价方法,形成了以成熟度、创新度和先进度为核心指标的科技成果标准化评价体系。在研究与实践的基础上,青岛市科技局2017年牵头起草并发布了青岛地方标准《科技成果标准化评价规范》(DB 3702/FW KJ 003—2017)。2019年5月,青岛市技术市场服务中心联合天津市、北京市、上海市等13个省(市)的33家单位共同起草并由中国标准化协会发布了《应用技术类科技成果评价规范》(T/CAS 347—2019)团体标准。这些标准均是对《科学技术研究项目评价通则》国标的宣贯实施举措，在此过程中，由国标带动相应地标和团标的细化落地。相应标准的发布实现了科技成果评价方法和流程的标准化，明确了评价结果与成果相关证明材料之间的关联，使得评价报告的评价结论可以复核，提高了评价结论的公允性，对科技成果的筛选具有重要意义。同时相关标准的研发团队以标准为支撑开发了一套科技成果标准化评价课程体系，并在全国范围内开展了广泛的人员培训，有效地促进了科技成果转化。

> **专栏　科技成果标准化评价课程培训推广情况**
>
> 截至2021年4月，科技成果标准化评价课程已在青岛、上海、北京、天津、太原和内蒙古等地开展了10余次，培养科技成果评价专业人才700余人。同时，该课程融入到行业部门组织的技术转移人才培训课程，在全国科技管理部门和技术转移机构负责人培训班，中国技术市场协会技术转移技能培训班，以及在北京、上海、天津、山东、广东、浙江、江苏、重庆、湖北、四川、吉林、辽宁、河北、河南、福建、山西、黑龙江、甘肃、安徽、广西、云南、宁夏、新疆和内蒙古等20余个省（直辖市、自治区）科技管理部门组织的技术转移人才培训班讲授科技成果标准化评价课程，累计培训近百次，培训技术转移专业人才近2万人，为全国多个省（直辖市、自治区）的科技成果转移转化工作贡献了力量。

> **专栏　科技成果标准化评价体系在青岛的应用情况**[①]
>
> 近几年，青岛市聚焦科技成果转化，培育创新发展新动能。2015—2020年，全市技术交易额从60.5亿元增加到184.5亿元，全市科技创新能力有了较大提升。科技成果评价体系作为科技成果转化过程中的重

---

① 资料来源：由全国科技评估标准化技术委员会委员、科技成果标准化评价课程负责人提供。

要工具在促进科技成果规模化转化方面发挥了积极的推动作用。

青岛市采用科技成果标准化评价体系共完成2 000余项科技项目评价。从项目的应用方向来看，以参评国家、省和市级科技奖励为目的的成果管理类项目1 000余项，以技术交易为目的的项目600余项，还有一些项目是以项目管理为目的。其中，在服务"首台（套）重大技术装备示范应用"项目申报方面，评价报告对于帮助提升首台（套）产品的市场认可度，加强首台（套）产品供需对接发挥了重要作用。在助推区域产业转型升级方面，青岛成果评价机构为海尔、海信、中车等青岛市优势产业领军企业提供评价服务152项，对于引导企业围绕产业链部署创新链，助推区域新旧动能转换发挥了积极作用。

"双创"背景下，青岛市成果评价机构服务30余项创业项目申报科技创业奖，行业涵盖电子信息、生物医药、智能制造、"互联网+"等领域，占到科技创业奖受理总数的七成以上。借助成果评价机构在文献检索、技术咨询、商业前景分析等方面的专业优势，初创企业相当于配备了一个"外脑"或"智库"。成果评价机构帮助企业梳理、提炼成果，从而达到指导研发方向，集聚市场资源，加速创业企业发展的目的。

科技成果标准化评价体系在培养技术转移人才方面也发挥了重要作用。青岛市共举办技术经理人培训班10余场，培训技术经理人1 000余人，这些人员已经成为促进科技成果规模化转化的生力军。科技成果标准化评价课程成为培训的必修课程，为技术经理人提供了科技成果筛选和推广中沟通交流的重要工具。

五、标准化建设总结与展望

综上可见，尽管我国在科技评估领域已经建立了多级标准化组织，发布了若干国家、行业、地方、团体和企业标准，并开展了标准宣贯实施，但当前我国科技评估领域标准化仍处于起步阶段。2021年10月，中共中央、国务院印发了《国家标准化发展纲要》，为未来15年我国标准化发展设定了目标和任务，提出了"推动标准化与科技创新互动发展"等要求，加强科技领域标准化，推动科技和标准化融合发展成为今后我国标准化发展的重要方向之一，在此背景下，科技评估的标准化也将迎来重要的发展机遇，做好科技评估标准化工作，还需要加强以下几方面的工作。

（一）不断完善标准体系，有序推进各类标准研制

总体来看，当前科技评估领域各类标准仍比较欠缺，无法满足日益发展的科技评估需求。科技评估各级标准化组织应根据科技评估发展进程不断完善标准体系，分步推动各类标准研制。一是坚持国标、行标、地标、团标和企标各自的功能定位，统筹推进，各有侧重，发挥政府和市场两方面的作用，满足科技评估发展对标准的需求。二是根据标准功能和欠缺情况，优先启动通用层国家标准研制，包括科技评估机构和人员、方法和指标、质量控制、科技评估报告规范等标准。三是根据当前科技评价改革要求，加快推动项目评估、机构评估和人才评估标准研制进程，同时，呼应各地方、社会团体和企事业单位的需求，部署科技成果评估等重点急需标准研制。四是查漏补缺，有计划地分批次部署其他标准研制。

（二）加大标准的宣贯和实施推广力度，提升行业标准化理念

我国虽已发布实施了若干科技评估相关标准，但宣贯和实施推广力度还有待加强。后续，全国科技评估标准化技术委员会应充分发挥统领作用和平台优势，协同各级标准化组织，通过编写标准培训教材、印发标准宣贯材料、举办培训班、组织试点等方式开展标准的宣贯和实施推广。提升相关部门、地方、评估机构和评估人员对科技评估的认识和标准化理念，推动标准落地，用标准指导科技评估活动。

（三）加强科技评估标准化人才队伍建设

科技评估标准化是一项专业性很强的工作，从业人员既要熟悉科技评估业务还要熟悉标准化知识，是"科技评估+标准化"的复合型人才，这类人才当前还比较欠缺。科技评估各级标准化组织应加强对科技评估标准化管理人员、标准起草人员和实施应用人员的培训，普及标准化基础知识，加强科技评估标准化人才培养。各科技评估机构应鼓励业务骨干开展标准化工作，提升科技评估人才的标准化能力。科技管理部门应设立专项经费支持或奖励科技评估标准化工作。各相关部门、行业、地方、社会团体和企事业单位应采取各种激励措施提升人员标准化意识和能力，在成果评价、奖励、绩效考核、职称评审等方面体现对标准化的重视。

（四）开展科技评估标准化调查、研究和国际合作

科技评估各级标准化组织应广泛开展标准化研究和工作调查，及时了解和掌握科技评估标准化理论方法、发展动态、标准研制需求、标准现状和标准实施情况，及时组织标准复审，适时对相关标准进行修订；当需要新的标准时，尽快组织人员开展标准预研或研制，当地方和团体标准适用范围需求扩大时，及时考虑转化升级为国家标准。同时拓宽视野，开展科技评估标准化的国际化研究，加快推进科技评估国家标准外文版立项和编译，根据国家标准研制实施情况，适时提出国际标准立项申请，加强与国际相关标准化组织的对话沟通等。科技评估标准化组织之间及与其他行业标准化机构应加强沟通交流，可通过联合开展培训、联合研制标准等方式，共同推动科技评估标准化事业发展。

第五章
科技评估机构与队伍[①]

科技评估事业改革创新发展对科技评估机构与队伍建设提出了更高要求。近些年，科技评估机构把握科技评估发展机遇和形势需求，得到迅速发展，呈现出地域覆盖面广、行业分布齐全的特征，逐步形成了一批专业化、社会化、多元化的科技评估机构，培养了一批专业能力强、层次结构较合理的科技评估队伍。

一、科技评估机构建设

（一）规范评估机构建设的政策要求

科技评估机构是科技评估活动的重要实施主体，是开展科技评估工作，充分发挥评估对科技管理和决策支撑作用的重要保障。近些年，中共中央、

[①] 本章编写人员：刘尧、张鲁宁、定明龙、王景秋、魏喜武。

国务院高度重视科技评估改革和评估体系建设，对科技评估工作相关内容作出重要部署，陆续出台有关制度、规范、标准，明确科技评估改革的方向和举措，指导了科技评估机构各类评估活动的开展，推动了评估机构专业化、规范化建设。

1. 评估改革政策要求

早在2018年，中共中央办公厅、国务院办公厅印发了《关于分类推进人才评价机制改革的指导意见》（中办发〔2018〕6号）、《关于深化项目评审、人才评价、机构评估改革的意见》（中办发〔2018〕37号），明确了分类评价和"三评"改革方向，要求培育发展人才评价社会组织和专业机构，提出评估机构在评估时要"独立、专业、负责"，为进一步推进科技评价改革指明方向，也对评估机构科学开展各类评估活动提出基本要求。2020年，科技部印发的《中央财政科技计划（专项、基金等）绩效评估规范（试行）》（国科发监〔2020〕165号）要求，在开展绩效评估工作时评估机构要"根据评估对象特点和评估任务需求，制定具体评估方案""应当按照评估方案，组织专业团队开展评估，加强全过程质量控制，按时保质完成评估任务"、确保"评估结果客观公正"。2021年8月，国务院办公厅印发《关于完善科技成果评价机制的指导意见》（国办发〔2021〕26号），围绕科技成果"评什么""谁来评""怎么评""怎么用"完善评价机制，作出明确工作安排部署，指明了成果评价的改革方向。同时文件指出"鼓励技术转移机构专业化、市场化、规范化发展，建立以技术经理人为主体的评价人员培养机制，鼓励技术转移机构和技术经理人全程参与发明披露、评估、对接谈判，面向市场开展科技成果专业化评价活动"，对科技成果评估机构提出了要求。

2. 监督和行为规范政策要求

2018年5月，中共中央办公厅、国务院办公厅印发了《关于进一步加强科研诚信建设的若干意见》指出，从事科技评估、科技咨询、科技成果转化、科技企业孵化和科研经费审计等的科技中介服务机构要严格遵守行业规范，强化诚信管理，自觉接受监督。同年7月，印发《关于深化项目评审、人才评价、机构评估改革的意见》，提出"加强对第三方评估机构的规范和监督，逐步建立第三方评估机构评估结果负责制和信用评价机制"。2020年7月，科技部印发《科学技术活动违规行为处理暂行规定》（科学技术部令第19号），明确包括科技评估在内的科技活动违规行为、处理措施和处理程序。提出"科技评估机构及其工作人员采取弄虚作假等不正当手段获取科学技术活动相关业务""伪造、虚构、篡改研究数据""违反回避制度要求""出具虚假或失实结论"等均属于违规行为。为评估机构规范开展各类评估活动划定了行为"红线"，以"零容忍"态度坚决遏制科技活动违规行为。同年12月，科技部进一步印发《科学技术活动评审工作中请托行为处理规定（试行）》（国科发监〔2020〕360号），明确科学技术活动评审工作"坚持独立、客观、公正的原则""参与评审工作的单位和个人要严格遵守评审行为准则和工作纪律，自觉抵制请托行为，主动接受有关方面的监督"。为抵制请托行为，规范评估机构公正开展评审工作提供了准绳。

为进一步推动评估机构标准化建设，2021年，《科技评估通则》（GB/T 40147—2021）和《科技评估基本术语》（GB/T 40148—2021）两项科技评估领域重要亟需的基础标准，由科技部科技评估中心牵头起草完成并发布实施。标准适用于各类科技评估活动和相关组织、机构和人员。标准对评估机构进行明确定义，指出"科技评估机构是承担评估任务，形成评估结果，出具评估报告，并承担相应责任的组织机构，主要是专业性科技评估机构，也可以是兼营科技评估业务的组织机构"。标准对于科技评估机构及人员的行为和各类实践活动具有指导和规范作用。

（二）全国科技评估机构概况[①]

1. 科技评估机构发展情况

20世纪末，科技评估机构的数量还比较少。2000年，科技部发布了《科技评估管理暂行办法》；2001年，科技部科技评估中心制定和公开出版了《科技评估规范》，我国的科技评估活动开始步入专业化阶段。随后，科技部、教育部、中国科学院、中国工程院和自然科学基金委等部门制定了大量有关科技评估的文件。2008年7月实施的新修订的《中华人民共和国科学技术进步法》第一次以法律的形式明确国家要建立和完善科技评价制度。在这个时期，国务院涉及科技管理的相关部门大都建立了管理科技评估工作的内部机构或者专门科技评估机构。大部分的省级行政区设立了专门从事科技评估的专业化机构。2001—2010年，新成立了6 505家科技评估机构。这些机构探索了多样化、各具特点的评估方法和程序，制定了相应的制度和规范，评估活动逐步向制度化方向发展。

2011年以来，伴随新一轮科技革命和产业变革的加速演进，科技管理决策面临的问题越来越复杂，不确定程度越来越高，需要充分发挥科技评估的价值导向、前瞻预测、衡量比较、诊断分析作用，为我国科技创新发展提供决策支撑。党的十八大作出了实施创新驱动发展战略的重大部署，科技体制改革深入推进。2014年，国家科技计划管理改革启动实施，国务院印发《关于深化中央财政科技计划（专项、基金等）管理改革方案的通知》中提出了建立统一的评估监管体系的要求。2011—2015年，评估机构在这一阶段得到了快速发展，新成立了16 162家科技评估机构。

习近平总书记在2016年和2018年的两院院士大会上，强调"要改革科技评价制度，建立以科技创新质量、贡献、绩效为导向的分类评价体系，正

[①] 数据来源：依据关键词搜索，通过对"科技评估/评价/评审/咨询、技术评估/评价/评审、科学评估/评价/评审、科研评估/评价/评审、创新评估/评价/评审、学术评估/评价/评审"等关键词或词组检索，在天眼查的"企业名称"和"经营范围"中查找、筛选和分析，共计得到121 300家科技评估机构。

确评价科技创新成果的科学价值、技术价值、经济价值、社会价值、文化价值"。2016年,科技部、财政部、国家发展改革委三部门联合印发了《科技评估工作规定(试行)》,对科技评估体系构建工作进行顶层设计,强化评估工作的统筹协调,我国科技评估逐步进入体系构建阶段。全国科技评估标准化技术委员会成立,"中国科技成果管理研究会"更名为"中国科技评估与成果管理研究会",科技评估行业得到长足发展。2016—2020年,评估机构数量快速增长,新增机构达96 537家,科技评估机构成立时间分布见图5。

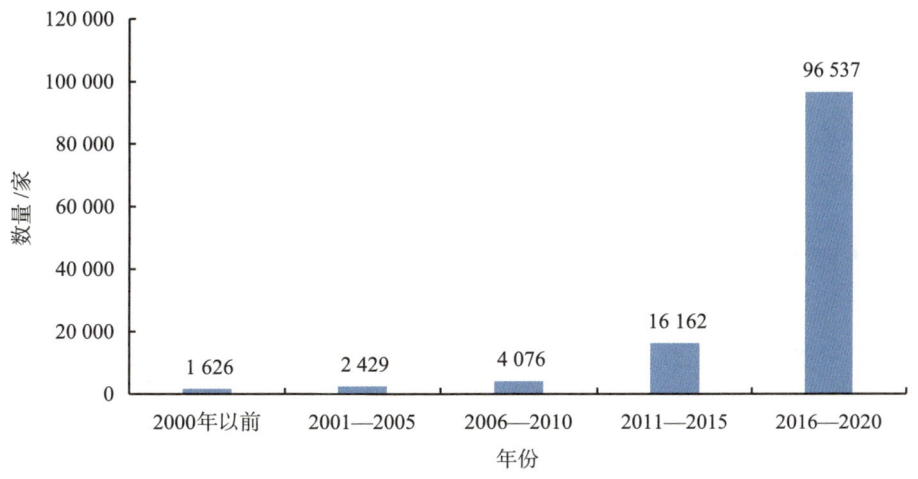

图5 科技评估机构成立时间分布

2. 科技评估机构类型[①]

截至2020年底,科技评估机构已涵盖多种机构类型,包括企业(112 238家)、社会团体(1 392家)、事业单位(758家)、民办非企业(751家),其他(5 471家)等。其中,企业占比高达93.06%(图6),主要从事科技咨询等方面的服务,推动了科技评估的社会化、市场化发展。

---

① 以120 610家填写了机构类型的科技评估机构数据为分析对象。

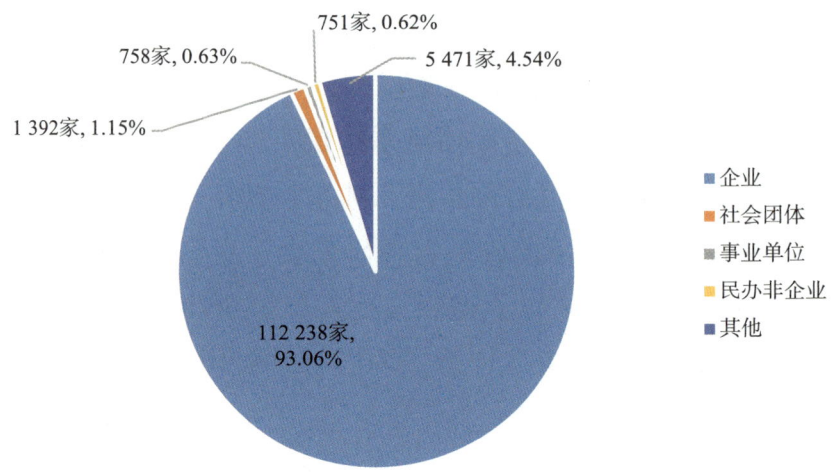

图 6　科技评估机构类型分布

注册资本在一定程度上反映企业规模。在机构类型为企业的科技评估机构中，平均注册资本是 1 542.48 万元，大部分是 100 万元以下的小企业，少量 1 亿元以上的企业[①]（图 7）。

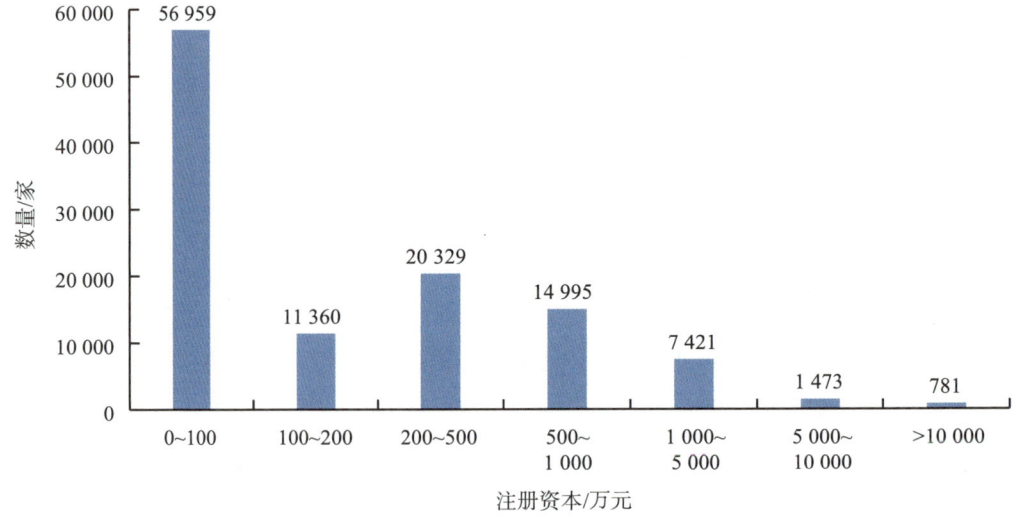

图 7　企业型科技评估机构注册资本分布

---

① 以 113 318 家填写了注册资本的企业类型的科技评估机构数据为分析对象。

3. 科技评估机构地域分布

全国22个省、5个自治区和4个直辖市均已成立科技评估机构[①]。从地域看，主要分布在华南、华中和华东地区（图8）。从省（直辖市、自治区）看，广东省有57 263家，数量最多，其次是上海市7 243家，湖南省6 758家。西藏自治区、青海省、宁夏回族自治区数量较少。总体来看经济发达地区科技评估机构数量较多。

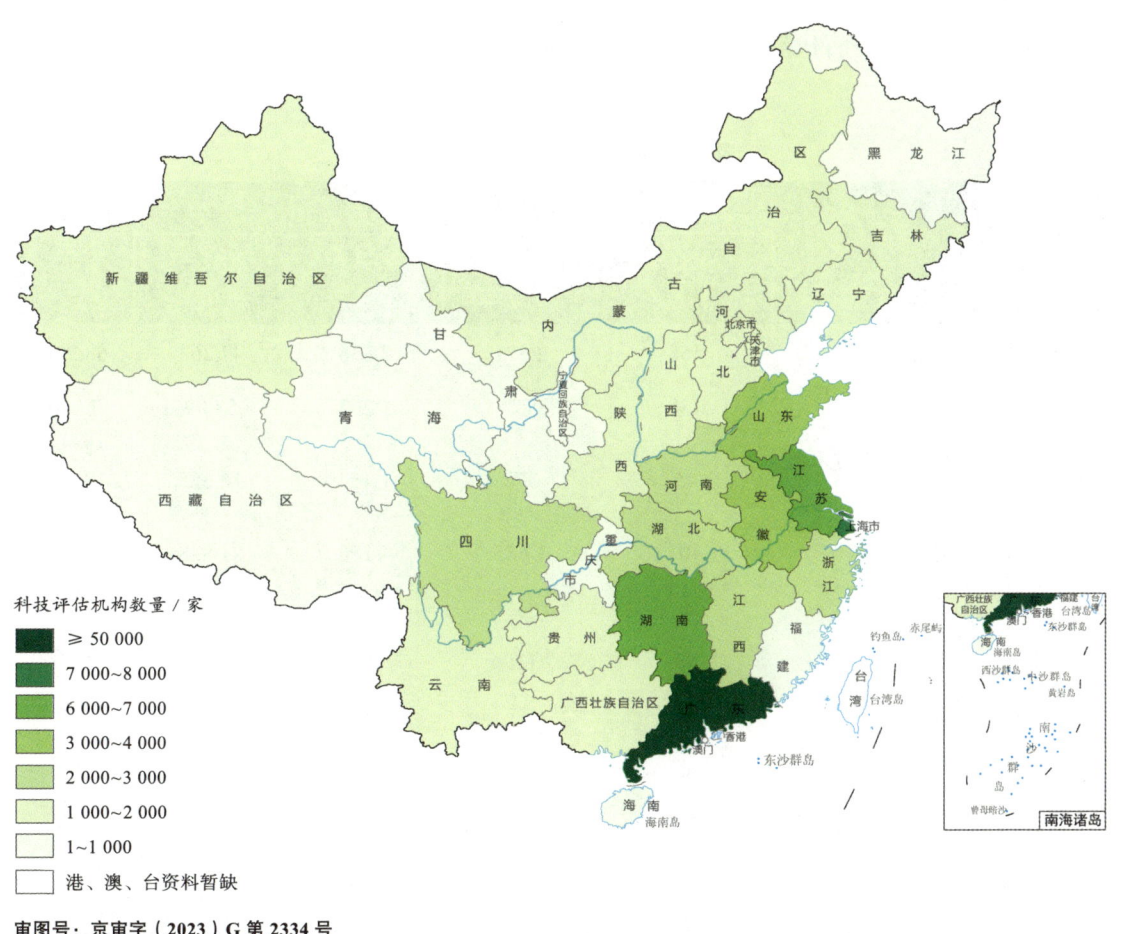

图8　科技评估机构建设分布示意

[①] 以121 294家填写了所属行政区划的科技评估机构数据为分析对象。

4. 评估机构行业分布

2000 年以前，在教育、卫生和社会工作、金融业、住宿和餐饮业、国际组织等行业还没有科技评估机构。随着国家的重视和科技评估事业的发展，国民经济的各行各业都开展了科技评估工作，建立了科技评估机构。目前，除了国际组织以外，科技评估机构在国民经济各行业中都有分布，分布最多的 3 个行业分别是科学研究和技术服务业（58 228 家）、租赁和商务服务业（28 094 家）以及信息传输、软件和信息技术服务业（18 535 家），这 3 个行业的科技评估机构数量占机构总数的 88.22%（表 13）。

表 13　科技评估机构行业分布[①]　　（单位：家）

行业	机构成立时间				
	2000 年以前	2001—2010 年	2011—2015 年	2016—2020 年	合计
科学研究和技术服务业	558	2 571	7 836	47 263	58 228
批发和零售业	138	557	1 262	5 909	7 866
信息传输、软件和信息技术服务业	45	372	1 463	16 655	18 535
租赁和商务服务业	401	1 685	4 180	21 828	28 094
教育	0	3	1	137	141
制造业	47	129	135	370	681
文化、体育和娱乐业	6	45	91	628	770
卫生和社会工作	0	2	0	31	33
水利、环境和公共设施管理业	11	76	90	478	655
房地产业	14	47	100	470	631
建筑业	29	113	152	606	900
居民服务、修理和其他服务业	20	86	158	611	875

---

① 以 118 864 家填写了行业类型的科技评估机构数据为分析对象。

（续表）

行 业	机构成立时间				合计
	2000年以前	2001—2010年	2011—2015年	2016—2020年	
交通运输、仓储和邮政业	4	10	35	102	151
金融业	0	9	28	58	95
电力、热力、燃气及水生产和供应业	6	11	21	68	106
农、林、牧、渔业	42	105	200	641	988
采矿业	1	1	5	8	15
住宿和餐饮业	0	4	19	33	56
公共管理、社会保障和社会组织	2	6	7	29	44
国际组织	0	0	0	0	0
合计	1 324	5 832	15 783	95 925	118 864

5. 科技评估机构业务范围

随着科技创新和科技评估事业的发展，科技评估活动的范围、类型、内容、时间节点、评估者、委托者、目的等越来越多元化。从传统的科技项目评估和科技成果评估，发展到如今的包括科技查新、收录引用、竞争情报、专利分析、技术分析、科技政策咨询等多样化的科技咨询服务。科技计划评估、科技规划评估、科技政策评估、科研机构评估、区域科技创新评估等类型的评估活动也越来越多。目前，科技评估机构的主要业务是"科技信息咨询"，相关机构数量占比为52.90%（表14）。

表 14　科技评估机构主要业务统计[①]

业务内容	数量/家	占比/%
科技信息咨询	64 156	52.90
科技中介	17 242	14.22
科技项目代理	16 148	13.32
科技项目评估	11 055	9.12
科技项目招标	8 699	7.17
科技成果鉴定	6 633	5.47

注：同一家机构可能从事多项业务。

从机构名称来看，以"科技/技术评估/评价/评审/鉴定"命名的机构仅157家，这些机构的经营范围主要是科技项目评估、科技成果评估和科技信息咨询等。目前，更多的是以"科技咨询""科技中介/服务"和"知识产权"命名的评估机构，这些机构在提供科技项目申报资料撰写、科技项目招标、知识产权代理、科技文献等服务的同时，也提供科技项目评估、科技成果评估等服务。

近年来，国家越来越重视科研经费的绩效评价，先后出台了多项政策推动相关工作。会计师事务所等机构拓展了相关业务，正越来越多地参与到科研经费绩效评价等科技评估工作中来（表15）。

表 15　科技评估机构名称统计

机构名称包含关键词	数量/家
科技	72 662
科技咨询	12 417
信息科技/网络科技	7 624
管理咨询/企业管理	2 179

[①] 以121 275家填写了业务范围的科技评估机构数据为分析对象。

（续表）

机构名称包含关键词	数量/家
资产/投资/房地产/会计师事务所	2 042
科技服务/科技中介	1 650
知识产权	892
科技评估/评价/评审/鉴定	156

（三）全国科技评估机构协作网成员单位概况

2016年，由科技部科技评估中心牵头，建立全国科技评估机构协作网，为评估机构间合作搭建平台，加强优质资源的统筹协调和开放共享，推动评估行业形成"资源共享、互助互惠、共赢发展"的良好生态。经过5年的发展，协作网成员已发展到96家。

1. 全国科技评估机构协作网成员单位概况

从机构性质看，成员单位机构性质多样，包括事业单位（60家），企业（22家），民办非企业（5家），社会团体（8家）、政府部门（1家）。从省（市）分布看，除辽宁省、青海省和西藏自治区外，成员单位在全国各地都有分布。

2. 评估业务类型

根据调查问卷统计[①]，2019年和2020年，成员单位开展的科技评估活动涵盖科技政策评估、科技规划评估、科技计划（专项、基金）评估、科技项目评估、科技成果评估、科研机构评估、创新基地评估、区域科技创新评估、科技人才评估、产业科技创新评估和技术评估等多种类型。其中，科技项目评估、科技计划（专项、基金）评估和科技成果评估是近些年开展最为广泛的3类评估活动，科研机构评估、科技人才评估、科技规划评估的业务

---

① 2020年向96家成员单位发放调查问卷，以回收的46份有效问卷为分析对象。

量有所上升（表 16）。

表 16　近些年协作网成员单位开展科技评估活动类型分布[①]

评估活动类型	开展相关评估活动成员单位数/家	
	2020 年	2019 年
科技项目评估	33	33
科技计划（专项、基金）评估	20	17
科技成果评估	14	15
科技人才评估	13	10
科研机构评估	12	9
科技政策评估	7	7
科技规划评估	6	5
创新基地评估	5	5
技术评估	3	2
其他	3	2
区域科技创新评估	2	5
产业科技创新评估	0	0

根据调查问卷统计，实地调研、同行评议和问卷调查现在依然是成员单位最常使用的 3 种评估方法。伴随着评估理论和方法的不断发展和评估对象的丰富，成员单位借鉴有关行业、领域，开始探索新的评估方法，为科技评估提供新视角，提升评估效率（表 17）。

---

① 以 42 家 2019 年开展最多的 3 类评估活动的成员单位数据为分析对象。

表 17　科技评估方法类型分布

评估方法	使用相关评估方法的成员单位数/家
实地调研	40
同行评议	38
问卷调查	32
多指标综合评估	28
比较研究	27
案例研究	22
利益相关者座谈	14
成本效益分析	12
文献计量	10
技术就绪度评价	9
层次分析	9
逻辑框架	8

3. 评估经费

对调查问卷统计 24 家成员单位填写的分析发现，与 2017 年相比，2019 年总收入和评估业务收入都有所增长，其中评估业务的收入增长更快（表 18）。对成员单位 2019 年评估业务收入分析发现，34 家单位 2019 年评估业务总收入为 16 988.8 万元，平均每家单位评估业务收入 499.7 万元。

对 32 家填写了经费来源组成的成员单位分析，17.4% 的经费来自财政稳定支持，76.8% 的经费来自评估委托合同。对 25 家填写了评估委托合同经费组成的成员单位分析，外部委托评估经费中政府、企事业单位、社会团体的占比分别为 75.6%，14.4% 和 0.4%，业务大部分来自政府部门委托。

表 18 2017 年和 2019 年 24 家成员单位收入情况统计

年份	总收入 / 万元	评估业务收入 / 万元	评估业务收入占比 / %
2017	16 622.1	2 355.6	14.2
2019	23 371.6	5 821.5	24.9

4. 评估研究

除了评估任务外，为了提高评估理论水平和研究能力，成员单位积极承担各类研究课题。根据调查问卷统计，近六成单位开展了课题研究，研究内容涉及面广，包括科技政策、规划、计划、项目、成果、人才等多个方面（表 19）。2019 年和 2020 年，25 家单位共开展了 77 项课题研究，其中内部课题 16 项，外部课题 61 项。外部课题中，国家级课题 9 项，省级课题 26 项，市级课题 26 项。

从研究课题的名称看，成员单位注重科技评估未来改革方向的研究，为开展多类型科技评估活动打好理论基础。

表 19 研究课题名称关键词汇总

科技评估活动类型	课题名称关键词
科技政策	领域政策落实情况跟踪、区域政策实施效果评估、对科技政策的影响、创新政策生态、"三评"改革评估
科技规划	编制研究、中期评估、监测评估、实施效果、科技创新资源配置机制
科技计划（专项、基金）	技术就绪度、支持创新发展、绩效评价体系、评估流程和指标体系改进、财政科技资金监督评估 / 绩效评价
科技项目	绩效评价评估体系、评审组织管理改进、科技监督评估和诚信管理改革试点建设项目评估、经费预算管理方法
科技成果	成果技术价值评估、成果评价方法、成果评价模式、科技奖励成果经济效益评价、
科技人才	人才分类评价方法、人才（团队）评价体系建设及应用

（续表）

科技评估活动类型	课题名称关键词
机构	科研条件平台建设与评价、国家级研发机构评价方法、企业发展能力、重点实验室创新能力、新型研发机构分类评估
创新基地	运行管理、创新改革绩效评价
区域科技创新	（国家/地方）创新能力评价、可持续发展实验区建设评估与对策、产业开发区评价指标体系
其他	科技创新评价指标、标准实施效果评估、第三方机构科技评估标准化实施

5. 制约机构和行业发展的问题

总体来看，科技评估行业仍存在顶层设计不足的问题，各类评估活动的计划性、专业性、规范性需要提高。根据调查问卷统计，大家认为评估机构发展存在的主要问题是"评估专业人员规模和能力不足""评估理论和方法研究不足""评估工具和模型开发不足"（表20）；制约评估行业发展的问题主要是"科技评估方面的法律法规不健全，科技评估的法律地位不明确""评估标准欠缺""评估开展缺少统筹规划，存在随意性"（表21）。

表20 制约科技评估机构发展的问题[①]

问题	认为存在相关问题的成员单位数/家	占比/%
评估专业人员规模和能力不足	22	51.2
评估理论和方法研究不足	21	48.8
评估工具和模型开发不足	18	41.9
体制机制障碍	16	37.2
评估业务不饱满	10	23.3
专家库资源不足	9	20.9

---

① 以45家填写了制约科技评估机构发展问题的科技评估机构数据为分析对象。

（续表）

问题	认为存在相关问题的成员单位数/家	占比/%
信息化水平较低	8	18.6
资金不足	7	16.3
内部管理制度不完善	6	14.0
机构知名度不高	5	11.6
委托方对评估干扰较多，不易保持评估的独立性	3	7.0
其他	3	7.0

表 21　制约科技评估行业发展的问题[①]

问题	认为存在相关问题的成员单位数/家	占比/%
科技评估方面的法律法规不健全，科技评估的法律地位不明确	23	53.5
评估标准欠缺	16	37.2
评估开展缺少统筹规划，存在随意性	15	34.9
评估工具和模型开发不足	14	32.6
评估制度不完善	13	30.2
评估理论和方法研究不足	11	25.6
评估机构和评估人员能力不足	11	25.6
评估结果应用不足	8	18.6
科技评估机构间交流与合作不够	8	18.6
评估学科建设不健全	8	18.6
行业信用体系不健全	7	16.3

---

① 以 45 家填写了制约科技评估行业发展问题的科技评估机构数据为分析对象。

（续表）

问题	认为存在相关问题的成员单位数/家	占比/%
科技评估信息共享不足	7	16.3
科学的评估理念尚未建立	6	14.0
评估结果的公开程度不足	4	9.3
评估信息获取困难	4	9.3
科技评估过程缺乏监督和管理	2	4.7
评估结果质量不高	1	2.3

二、科技评估专业队伍建设

（一）科技评估专业队伍制度规范标准建设

评估人员是科技评估工作的核心力量，要求具备较高的专业能力和综合素质。近些年国家逐渐重视科技评估专业队伍建设，制定有关制度规范标准，推动科技评估专业化、社会化、规范化发展。2016年，科技部、财政部、发展改革委联合印发的《科技评估工作规定（试行）》（国科发政〔2016〕382号）对评估机构加强高素质人才队伍建设提出要求。规定指出，"评估机构应当遵守国家法律法规和评估行业规范，加强能力和条件建设，健全内部管理制度，规范评估业务流程，加强高素质人才队伍建设""评估人员和评估（咨询）专家应当具备评估所需的专业能力，恪守职业道德，独立、客观、公正开展评估工作，遵守保密、回避等工作规定，不得利用评估谋取不当利益"。2019年8月，全国科技评估标准化技术委员会（SAC/TC580）成立，系统推进科技评估标准化建设，研制系列科技评估标准，为评估人员开展评估工作提供规范化指导。2019年12月，国家科技评估中心、中国科技评估与成果管理研究会编写了我国第一本较为全面系统的介绍科技评估的书籍——《科技评估方法与实务》，不仅对于评估人员和评估机构开展具体评估活动具有指导意义，对于科技活动的实施者、管理者更好地理解科技评估，管理和参与科技评估也有所帮助。2020年7月，《科学技术活动违规行为处理暂行规定》（科学技术部令第19号）发布，明确了第三方科学技术服务机构及其工作人员出具虚假或失实结论、泄露需保密的相关信息或材料等九大违规行为情形。2020年12月，科技部印发《科学技术活动评审工作中请托行为处理规定（试行）》（国科发监〔2020〕360号），明确了咨询评审专家、第三方科学技术服务机构及其工作人员的违规行为及处理措施和程序。

（二）科技评估人员能力建设

各地方积极出台一系列科技中介机构人才的引进激励政策措施，在资源分配、生活条件、培训和人员流动等方面给予科技中介服务人才创造良好的工作、生活环境和发展机会，充分调动从业积极性。北京和上海等地对高新技术成果完成人和从事成果产业化实施的科技人员、管理人员的奖励和股权收益，给予个人所得税优待。浙江省、山东省、江苏省等地不断加强科技中介机构高层次人才引进，引进人才可享受到资金扶持、税收减免等优惠政策。

全国科技评估标准化技术委员会等科技评估标准化组织、中国科技评估与成果管理研究会等协会（学会）、全国科技评估机构网等联盟、科技部科技评估中心等有关评估机构通过研讨会、培训班（表22）、专题讲座、项目合作等方式，搭建多样化的学习与交流平台，吸引优秀人才参与科技评估工作，优化人员队伍结构，培养科技评估人才，不断提高评估人员业务能力。

表 22　2018—2021 年部分科技评估研讨培训活动

序号	培训班名	时间	地点	参与人数	举办单位
1	全国科技成果评估与管理培训班	2018 年 8 月 21—23 日	北京	130	中国科技评估与成果管理研究会、科技部科技评估中心
2	面向可持续发展的科技创新政策与管理培训班	2018 年 9 月 10—21 日	广州	20	科技部科技评估中心主办，广东省技术经济研究发展中心协办
3	欧洲科技创新评估高端培训（第三期）	2018 年 11 月 5—9 日	北京	50	科技部科技评估中心、中国科技成果管理研究会
4	第三届全国科技评估机构协作发展座谈研讨会	2018 年 12 月 21 日	南宁	200	科技部科技评估中心和广西科技厅主办，广西经济社会技术发展研究所承办
5	国家科技重大专项 2018 年政策和管理培训班	2018 年 12 月 25—26 日	北京	120	科技部重大专项司主办，评估中心组织承办
6	全国科技评估能力建设培训班	2019 年 9 月 17—20 日	北京	120	中国科技评估与成果管理研究会、科技部科技评估中心
7	深化项目评审、人才评价、机构评估改革政策专题培训班	2019 年 12 月 4—6 日	西安	100	科技部科技监督与诚信建设司主办，科技部科技评估中心、陕西省科技资源统筹中心承办
8	第四届全国科技评估机构协作发展座谈研讨会	2019 年 12 月 12—13 日	成都	230	科技部科技评估中心
9	科技部科技评估中心　西藏自治区科技厅　合作签约暨专项评估评价培训班	2020 年 10 月 12 日	拉萨	60	科技部科技评估中心、西藏自治区科技厅
10	第五届科技评估机构协作发展座谈研讨会暨科技评估标准化培训班	2020 年 12 月 14—15 日	北京	100	科技部科技评估中心、中国科技评估与成果管理研究会、全国科技评估标准化技术委员会
11	全国科技评估能力建设培训班	2021 年 9 月 17—20 日	北京	120	中国科技评估与成果管理研究会、科技部科技评估中心
12	2021 年第一期科技成果评价标准化培训班	2021 年 9 月 23—24 日	北京	120	全国科技评估标准化技术委员会（SAC/TC580）、中国科技评估与成果管理研究会、科技部科技评估中心

（三）全国科技评估机构协作网成员单位人员概况和现状

问卷调查结果显示，经过多年的发展，目前我国已经具有一批专业能力强、层次结构较合理、地域分布广泛的科技评估人员队伍。在参与调查的46家成员单位中，工作人员总数为1 361人，其中专业科技评估人员总数为844人，占工作人员总数的62%。对人员结构进行分析，结果如下。

1. 高素质的评估队伍

问卷调查结果显示，成员单位中，本科和硕士研究生学历的科技评估人员是科技评估队伍的主体。其中拥有硕士及以上学位的评估人员489人，拥有本科学位的评估人员297人，占全部科技评估人员总数的93.1%（图9）。

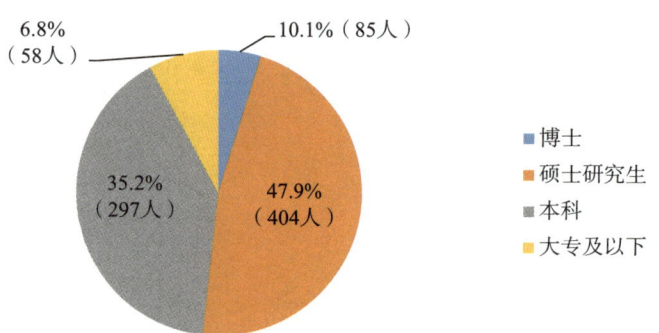

图9　协作网成员单位科技评估人员学历分布情况

评估人员职称分布方面，拥有高级职称、中级职称和初级及以下职称的科技评估人员结构大体均衡，约各占1/3。其中正高级职称72人，占科技评估人员总数的8.5%；副高级职称232人，占科技评估人员总数的27.5%（图10）。

在专业背景方面，理工科占了大多数，工学和理学专业分别占26.8%和20.0%；其次是管理学和经济学专业，分别占16.5%和12.0%。多元化的人才队伍为开展多种对象、多个领域的科技评估活动提供了有效支撑（图11）。

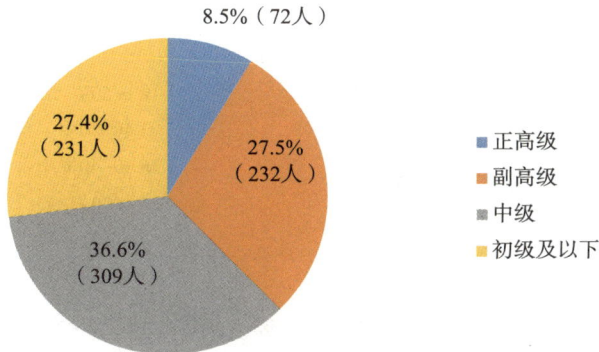

图 10　协作网成员单位科技评估人员职称分布情况

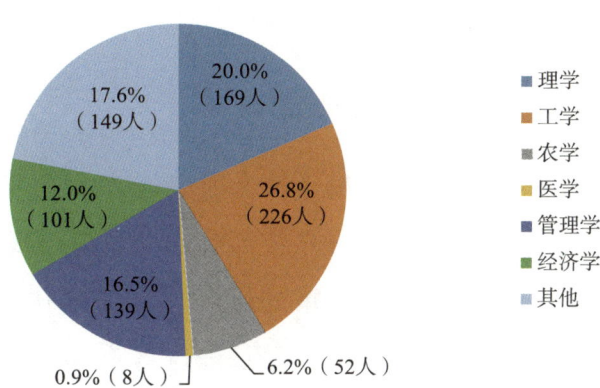

图 11　协作网成员单位科技评估人员专业背景情况

2. 科技评估人员结构

问卷调查结果显示，成员单位中，评估人员性别比例大致相等，女性人数略多于男性，占 52.3%。年龄分布方面，30~40 岁的科技评估人员是数量最多的群体，占全部科技评估人员的 40.5%；其次是 40~50 岁和 30 岁以下的科技评估人员（图 12）。

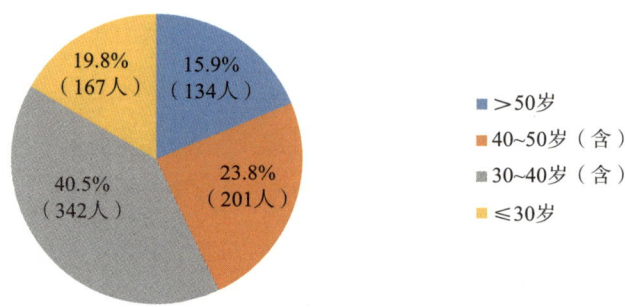

图 12　协作网成员单位科技评估人员年龄分布情况

三、科技评估专家队伍建设

（一）科技评估专家管理制度建设

专家是科技评估工作的重要参与主体，是评估结果准确性和权威性的保证。专家库是存储专家信息的载体，专家库运行情况影响着评估的效率和有效性，高质量专家库是公平、公正评审的保障。专家库构建主要涉及平台构建、专家入库、专家遴选、信息更新、专家评价等方面。

我国已经出台多个专家和专家库建设相关政策文件。2017年4月，科技部印发《国家科技专家库管理办法（试行）》（国科办创〔2017〕25号），指导科技专家库建设。2018年，中共中央办公厅、国务院办公厅印发了《关于分类推进人才评价机制改革的指导意见》，提出"加强评价专家数据库建设和资源共享，建立随机、回避、轮换的专家遴选机制，优化专家来源和结构，强化业内代表性。建立评价专家责任和信誉制度，实施退出和问责机制"。同年，中共中央办公厅、国务院办公厅印发了《关于深化项目评审、人才评价、机构评估改革的意见》，指出要"进一步推动建设集中统一、标准规范、安全可靠、开放共享的国家科技专家库，及时补充高层次专家，细化专家领域和研究方向，更好地满足项目评审要求""完善评审专家选取使用，让真正懂此行此项的专家参与评审，完善专家轮换、回避、公示等相关制度，提高评审质量和效率"。

参照国家科技专家库的相关政策要求，各地相继出台了地方专家库管理制度。2019年7月，为保障深圳市科技项目评审的科学性、合理性和公正性，规范科技项目评审专家依法依规按程序开展评审工作，深圳市科技创新委员会印发《深圳市科技评审专家管理办法》（深科技创新规〔2019〕1号），从明确专家入库条件、建立专家回避轮换制度、明确评审专家权力责任等方面深化科技评审专家管理改革，为规范科技项目评审专家评审工作提供依据，提高科技项目评审专家管理水平。2020年1月，为深化科技计划管理改革，规范专家库管理工作，充分发挥专家在科技创新和决策咨询中的作用，提高决策的科学化水平，北京市科委印发《北京市科技专家库管理办法（试行）》（京科发〔2020〕1号），明确专家库建设、专家库管理与维护、专家选取与使用、监督管理等方面内容。2020年12月，为持续改进完善专家库建设，完善评审专家的选取和使用，提高决策的科学化水平，推进上海市科技专家库建设，上海市科委印发《上海市科技专家库管理办法》（沪科规〔2020〕11号），对专家库建设管理、专家选取和使用等相关举措作了进一步完善。

（二）全国科技评估机构协作网成员单位评估专家情况

问卷调查结果显示，在参与调研的46家成员单位中，有38家单位拥有专家库，其中，有专家库系统所有权的为19家，仅有使用权的为19家。专家库人员总数为262 088人。

成员单位逐步重视吸收外地专家参与评估评审工作。在专家库中，本地科技评估专家共129 061人，占全部科技评估专家的比例为49.2%；外地科技评估专家共133 027人，占全部科技评估专家的比例为50.8%，二者数量基本相当。

在专家库中，拥有高级职称的科技评估专家总量占比接近九成，其中正高级职称129 759人，副高级职称101 223人，专家层次质量相对较高(图13)。

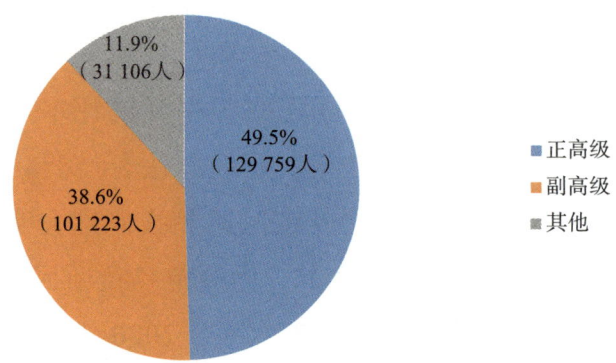

图 13　科技评估专家的职称分布

问卷调查结果显示，成员单位专家库的功能基本满足相关评估需要，其中最多的功能是"专家查询"，其次是"统计"和"专家随机抽取"。另外，有少量评估机构专家库还具有"专家短信/微信通知"和"专项交流平台"等功能（图 14）。

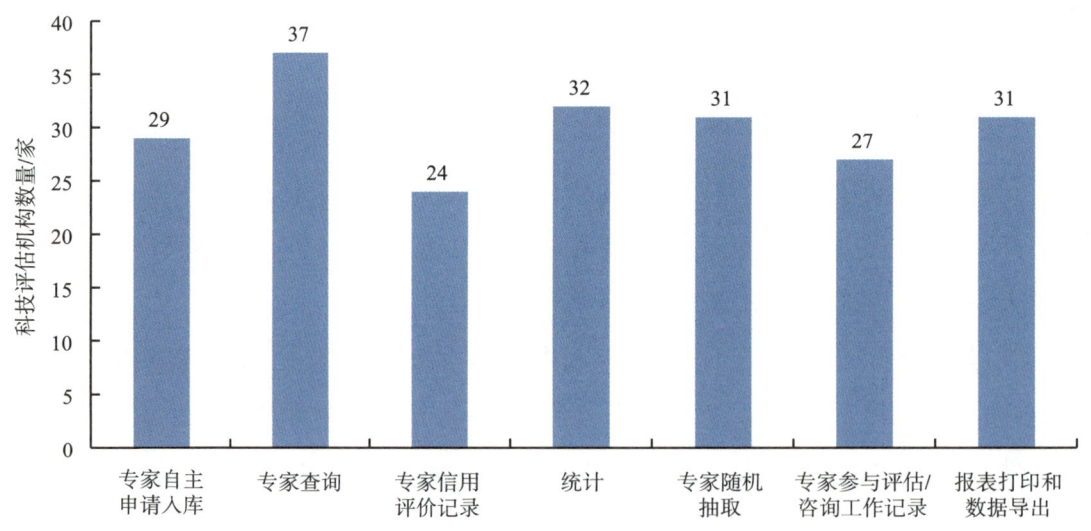

图 14　科技评估机构专家库功能

四、机构与队伍建设展望

科技评估机构与科技评估人才队伍是科技评估活动的基础和核心要素，是科技评估事业健康发展的关键。经过多年发展，我国科技评估机构与队伍建设已得到初步发展，但还存在能力不足、规范性不够、水平参差不齐，活力尚未充分激发等问题，尚不能满足我国日益增长的，越来越丰富的评估目的、对象、类型的需求。"打铁还需自身硬"，面对新形势、新需求、新问题，需要进一步推动我国高水平科技评估机构与队伍建设，加快推进科技评估高质量发展。

（一）以提升评估能力为核心，推进科技评估机构专业化、规范化发展

完善科技评估机构法律法规要求和相关政策体系，加强对各类评估机构的指导，推动评估机构专业化、规范化、市场化发展。政府应加大对评估机构的支持，培育一批高质量的科技评估机构承担重大评估任务，充分发挥中国科技评估与成果管理研究会、全国科技评估机构协作网络的纽带作用，加强评估机构间的合作交流和资源开放共享。

科技评估机构要加强自身能力建设，优化评估流程，提高评估质量，更好地发挥评估的作用，共同推动评估行业高质量发展。

（二）遵循人才成长规律，培养一批高素质科技评估人才队伍

建立科技评估人才激励机制，对不同性质机构的科技评估人员有针对性地制定政策，为科技评估人才提供更好的待遇、福利和工作机会，完善评估人才市场机制，促进科技评估人才的高效配置和合理流动。重视科技评估人才的培养，完善相关人才引进、培养、使用管理的政策，加强全国科技评估行业的业务素质培训和相关能力建设，提升科技评估人才素质，推动科技评

估人才朝着专业化、标准化方向发展。

（三）加强管理，规范科技评估专家库建设

进一步拓宽科技评估专家的来源渠道，充分吸收产业人才和金融、财税、技术成果转移转化等专业人才，促进科技评估专家来源的多元化，加快建设一支包括"政产学研"等多领域、跨学科、具有较高能力水平的科技评估专家队伍。加强专家库建设，实行管用分离制度，建立有效的专家数据更新机制，完善专家履职评价和培训机制，加强共建共享。建立健全科技评估专家信用评价体系，完善科技评估专家信用评价指标设计和应用，推进专家信用评级的理论研究和实践，加强对专家的监督和管理。

（四）加强理论支撑，深化科技评估机构与队伍建设相关研究

目前关于科技评估机构与队伍建设的研究相对较少，有个别研究者从科技评估机构发展实践的问题困难、科技评估人才素质内涵和提升、科技评估人才在科技评估工作中的重要性等方面进行了少量研究，研究的视角相对较窄。未来应更加关注国内外科技评估研究发展新形势、人才学科新的发展动态，探索新的研究方法和工具等对科技评估机构与队伍建设的新要求，持续深化评估机构和人员能力建设、资质等问题研究，为科技评估机构与队伍建设实践提供坚实的理论支撑。

第六章
科技评估信息化[①]

一、科技评估信息化概述

(一) 科技评估信息化的基本内涵

科技评估信息化是指在评估环节中，综合运用信息技术辅助和支撑各项评估活动的行为。从科技活动相关主体的角度，可以分为广义的科技评估信息化和狭义的科技评估信息化。

广义的科技评估信息化是指科技管理部门、评估委托者、评估机构等科技评估领域相关主体，以提升科技管理效能为目标，通过科技管理信息基础设施条件建设，开展科技计划、项目、人才、机构、基地（平台）等信息化管理，最大限度汇集科技活动信息资源，充分运用信息技术手段，辅助各种数据分析工具和模型，以实现智能分析、统计和辅助管理决策。

[①] 本章编写人员：闫万体、袁艳玲、毛雪峰、胡文琼、王薇、钟嘉馨、余全民。

狭义的科技评估信息化是以评估机构为主体，通过构建评估机构信息化平台，对评估全过程进行痕迹管理，为评估活动提供数据和问卷调查、文献计量、指标评价等评估工具，积累评估知识库、案例库、方法库等，使评估方法工具化、评估证据数据化、评估过程高效化，提升评估能力、质量和效率。

科技评估信息化建设框架如图15所示。

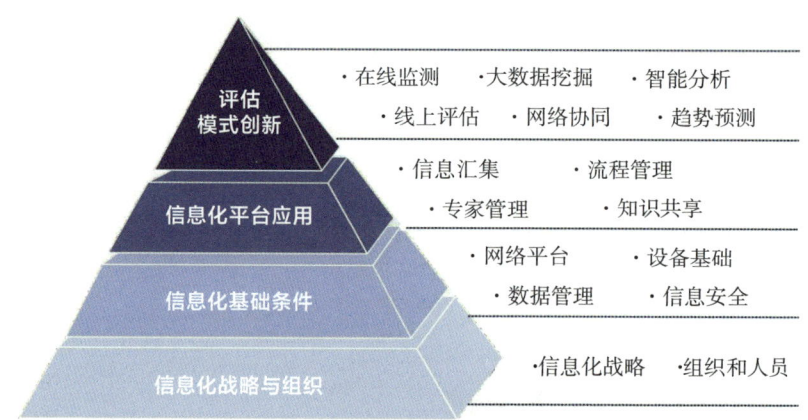

图15　科技评估信息化建设框架

（二）科技评估信息化的重要意义

随着互联网技术、人工智能、大数据等技术的飞速发展和广泛应用，信息技术创新日新月异，以数字化、网络化、智能化为特征的信息化浪潮蓬勃兴起。为适应和引领科技创新发展新常态，增强发展新动力，需要大力推进科技评估信息化建设，加快释放信息化提升科技评估的巨大潜能。

科技评估信息化将信息技术与科技评估深度融合，充分利用现代信息技术和数据资源为科技评估提供支撑，是促进科技评估工作更加科学、高效、可信、有用的重要保证。科技评估信息化贯穿于科技评估活动全过程，在评估受理与设计、评估组织实施、评估报告形成与交付、评估结题与跟踪调查等各个环节提供重要支撑，并与评估信息、程序、方法、结果等评估核心要素深度融合。总体来看，评估信息化在科技评估活动中发挥越来越重要的作用。

首先，评估信息化是科技评估繁荣发展的现实需要。当前，国家高度重视创新发展，各层次各类型科技计划不断提出，科技项目数量大幅增长，产生了海量的项目数据和资源，对科技评估信息化提出了更高的要求。信息化技术发展和评估信息化平台建设有利于推进评估行业健康发展。

其次，评估信息化是提升评估工作效能的有力保障。信息技术发展为评估模式创新提供更多技术可能。网络视频会议评审、专家抽取、线上问卷调查等信息技术手段广泛应用于科技评估活动中，为评估提供更加便捷的手段和更加多元的数据。如何捕捉、分析和应用科技活动产生的海量数据，运用好定量分析的工具，产生基于更多数据分析的评估证据，将是科技管理者和评估工作者面临的挑战和机遇。基于大数据、云计算、人工智能等信息技术搭建科技评估与信息化深度"融合"平台，实现信息化与科技评估从结合到融合的飞跃，将在更大范围、更深层次推动科技评估高质量发展。

（三）科技评估信息化的建设路径

2020年3月，《中共中央、国务院关于构建更加完善的要素市场化配置体制机制的意见》将数据要素列为需要重点发展的五大核心要素之一。而在科技评估领域，科技活动产生的数据是科技评估的关键生产要素。科技评估信息化应围绕科技活动产生的数据开展，通过信息技术将数据资源化。

科技评估信息化的基本目标是采用信息技术收集、处理科技活动数据，为评估活动提供更加准确、完整、可信的基础性证据，并充分运用数字化、智能化等评估手段，推动评估模式和方法创新，提升评估活动效能，助力评估行业发展。具体应按照以下步骤推进评估信息化建设。

第一，推动科技评估体系数字化转型。通过构建信息资源驱动的评估信息基础条件，推动传统评估手段、方法、介质、载体向网络化、信息化演进，加速评估活动及相关主体和要素的信息化转型。

第二，实现科技评估信息资源互联互通。利用信息系统和技术手段，推进科技管理、科研活动产生的各类信息数字化，通过广泛汇集各类评估信息资源，打通评估证据获取、评估活动开展和评估结果产生等全过程的信息链路。

第三，通过信息网络化实现评估协同。综合采用信息化、网络化等先进技术手段分工合作，促进评估机构协同发展，实现评估行业整体能力提升。

第四，实现基于数字化的评估模式和方法创新。开展基于评估信息化平台和信息技术的评估业务创新实践，广泛运用人工智能、大数据等技术不断改进和优化评估模型，完善评估方法手段，提升评估行业智能化水平。

二、科技评估信息化发展现状

（一）科技评估信息化发展政策

自 2012 年中共中央、国务院《关于深化科技体制改革加快国家创新体系建设的意见》发布以来，国家对于建设科技管理信息系统先后从不同方面提出了一系列要求，发布了一系列政策文件。

1. 国家制度要求

《中华人民共和国科学技术进步法》（以下简称《科学技术进步法》）和《中华人民共和国促进科技成果转化法》（以下简称《科技成果转化法》）中述及科技管理信息化的基本要求，是科技评估信息化工作开展的基本法律依据。2015 年 8 月修订的《科技成果转化法》提出："国家建立、完善科技报告制度和科技成果信息系统""国家培育和发展技术市场，鼓励创办科技中介服务机构，为技术交易提供交易场所、信息平台以及信息检索、加工与分析、评估、经纪等服务"。2021 年 12 月修订的《科学技术进步法》提出："国家建立科技管理信息系统，建立评审专家库""建立科学技术研究基地、科学仪器设备等资产和科学技术文献、科学技术数据、科学技术自然资源、科学技术普及资源等科学技术资源的信息系统和资源库""建立科学技术项目诚信档案及科研诚信管理信息系统"。

党中央、国务院相继出台系列文件，要求充分利用互联网、大数据等技术手段，提高科技管理信息化水平，提升科技治理能力，完善科技治理体系。2014年，国务院印发《关于深化中央财政科技计划（专项、基金等）管理改革的方案》（国发〔2014〕64号），提出要建设公开统一的国家科技管理平台，对科技计划实现全过程信息管理，加强信息公开和痕迹化管理，实现科技计划安排和预算配置的统筹协调，形成职责规范、科学高效、公开透明的组织管理机制。2015年，中共中央办公厅、国务院办公厅印发《深化科技体制改革实施方案》，提到有关科技体制改革的信息建设规划。科技成果转化方面，要构建全国技术交易市场体系，以信息化网络连接依法设立、运行规范的区域技术交易平台；科研管理方面，要建立统一的国家科计划管理信息系统和中央财政科研项目数据库，对科技计划实行全流程痕迹管理；知识产权方面，要完善中国保护知识产权网海外维护信息平台建设和知识产权海外服务机构、专家名录；另外，还提出要推进科普信息化建设。2016年5月，中共中央、国务院印发《国家创新驱动发展战略纲要》，指出要再造科技计划管理体系，建设国家科技计划管理信息系统，构建覆盖全过程的监督和评估制度。2021年，国务院办公厅印发《关于完善科技成果评价机制的指导意见》（国办发〔2021〕26号），提出要利用大数据、人工智能等技术手段，开发信息化评价工具；充分利用各类信息资源，建设跨行业、跨部门、跨地区的科技成果库、需求库、案例库和评价工具方法库。

科技部2016年印发《科技监督和评估体系建设工作方案》（国科发政〔2016〕79号），提出充分利用信息化手段，实现全过程痕迹管理。运用互联网和大数据技术，依托国家科技管理信息系统，建立统一的监督和评估信息平台，强化日常的痕迹管理，加强监督和评估信息共享，提高质量和效率。同年，科技部、财政部和发展改革委印发《科技评估工作规定（试行）》（国科发政〔2016〕382号），提出中央财政科技计划和项目管理专业机构的评估委托者，应当按照相关管理要求将评估报告等评估工作记录纳入国家科技管理信息系统和国家科技报告服务系统；要推动评估信息化建设，评估活动应利用科技活动组织的各类信息和数据，运用互联网、大数据等技术手段，发展信息化评估模型，提升评估工作能力、质量和效率。2020年，科技部、财政部、国家发展改革委印发《中央财政科技计划（专项、基金等）绩效评估规范（试行）》（国科发监〔2020〕165号）（以下简称《规范》），提出科技计划绩效评估应与其下设的专项（基金、基地、人才计划等）、项目评估及财政预算绩效评价统筹衔接，加强数据、资料共享，充分利用已有科技管理信息，提高评估工作的整体效率。《规范》规定评估活动完成后1个月内，评估委托者应将评估报告等信息汇交到国家科技管理信息系统；评估委托者协调有关方面依托国家科技管理信息系统，提供评估活动必需的资料信息等条件，保障评估活动有序开展。

2. 地方制度要求

各地方重视信息化在科技管理和评估方面的重要作用。东部地区在相关领域出台政策文件较多，并逐步建立专家智力支持、成果转化、科研监督诚信等信息系统，推进科技管理信息化建设。

科技管理信息系统建设方面，江苏省于2019年和2020年分别印发了《江苏省科学数据管理实施细则》和《苏南国家自主创新示范区一体化发展实施方案（2020—2022年）》，明确省市科技部门要统筹推进科学数据中心建设，各部门、各地区科学数据中心要及时接入省数据网络管理平台，推动科学数据开放共享。要构建"一站式、全链条"的科技资源统筹服务体系，共建科技公共服务平台。浙江省全面推进数字化改革，相继印发《关于加快发展信息经济的指导意见》《关于加快科技服务业发展的实施意见》等政策文件，提出要创新服务模式，加强全省科技创新云服务平台的建设应用，与浙江网上技术市场平台对接，实现全省科技大数据互联互通、共享共用。此外，浙江省印发《浙江省科技专家库管理办法》，上海市印发《上海市科技专家库管理办法（试行）》，均明确要完善专家的选取和使用，规范专家库信息系统的建设运行、开发利用、信息共享等。

科技成果转化信息系统建设运行方面，上海市印发《上海市促进科技成果转化条例》提出，科技部门应当建立资源汇聚、开放共享、分工协作的科技成果转化公共服务平台，建立健全科技成果信息和转化服务信息的采集、公开制度，为科技成果转化全过程提供技术、人才、资金等方面的信息和服务。江苏省印发《江苏省促进科技成果转移转化行动方案》提出，加强科技成果信息汇交，完善信息共享机制，强化科技成果数据资源开发利用。浙江省印发《浙江省数字经济系统建设方案》《浙江省数字经济系统建设工作指南》，提出建设中国浙江网上技术市场 3.0，完善科技成果转移转化渠道，加快国家科技成果转移转化示范区建设。广东省印发《广东省科学技术厅关于科技成果登记与信息公开的实施办法》，提出要充分利用现代信息技术，建立资源汇聚、开放共享、分工协作的科技成果转化公共服务平台，促进全省科技成果的信息交流和技术转移。

科技监督和诚信建设方面，上海市印发《上海市科技信用信息管理办法（试行）》，提出要推动与科技部科研诚信信息系统对接，推动建立区域科技信用工作合作机制，率先实现长三角区域内科技信用共认共用。浙江省印发《浙江省科研诚信信息管理办法（试行）》，提出科研诚信信息管理系统要结合深化"最多跑一次"和政府数字化转型要求。广东省印发《广东省科技计划项目监督规定》和《广东省科学技术厅关于省科技计划信用的管理办法》，提出要建立省科技计划信用管理数据库，相关信息作为省科技计划项目立项和管理的参考依据，并明确科技信用系统要建立共享机制。

（二）科技评估信息化能力建设

科技评估信息化能力建设，以发展信息技术、增强信息基础设施和汇聚信息资源等为目标，统一数据结构、接口标准和信息安全规范，推动实现各类科技管理信息资源互联互通，构建网络化、集成化科技评估信息平台，提高评估各类主体的信息化能力，促进科技评估理念与方式创新，为科技评估高效、持续发展提供支撑。

1. 国家科技管理信息化建设进程

自2000年起,科技部和国家自然科学基金委员会加强对科技计划项目管理信息系统的开发利用,逐步将科技计划项目申报、评审、立项、验收等环节融入系统,实现科技项目"一站式"管理。

"十一五"期间,科技部组织开展统一的科技计划项目申报系统建设工作(系统名称为"国家科技计划项目申报中心")。2006年2月,"863计划"申报书环节上线运行,标志着科技部开始探索建立统一的科技计划管理系统。随后,国家科技支撑计划、星火计划等科技计划的管理信息系统逐步纳入国家科技计划项目申报中心系统。

"十二五"期间,科技部组织开展国家科技计划项目申报中心系统升级完善工作,逐步形成覆盖"863计划""973计划"、国家科技支撑计划、星火计划、火炬计划、国家重点新产品计划等科技计划的申报系统,支撑上述计划的申报环节和大部分主体计划任务书管理和验收环节。科技计划管理信息化建设得到快速发展。

"十三五"以来,党中央、国务院多次发文推进科技体制改革,其中《关于深化体制机制改革加快实施创新驱动发展战略的若干意见》《深化科技体制改革实施方案》《关于改进加强中央财政科研项目和资金管理的若干意见》《关于进一步弘扬科学家精神加强作风和学风建设的意见》《关于深化中央财政科技计划(专项、基金等)管理改革的方案》等文件都提出构建统一的国家科技管理平台,推动政府职能从研发管理向创新服务转变。

2. 国家科技管理信息系统建设

当前,国家科技管理主要是从科技计划项目、科技成果、科技基础条件平台等方面进行信息化管理,其中既包含科技评估内容,也是科技评估工作的重要数据来源和支撑。

(1)科技计划管理类信息系统。自2014年《关于深化中央财政科技计划(专项、基金等)管理改革的方案》(国发〔2014〕64号)出台以来,原本分散在几十个部门管理的上百个科技计划整合成为五大类科技计划，统一的国家科技管理信息系统逐步完善，对科技计划的全过程进行信息管理，按相关规定主动向社会公开信息，接受公众监督。"国家科技管理信息系统公共服务平台"（http://service.most.gov.cn/）是跨多部门、多地区运行的综合性信息服务系统和信息技术应用体系，一方面与各部门、各地区相关科技业务管理信息系统衔接，保证各类科技管理业务的相互衔接和业务协同，实现业务信息、科研项目数据的互联互通；另一方面承载各类跨部门宏观决策、综合管理和各类专项业务中的统筹管理功能，保障跨部门、跨地区的综合管理业务，形成统一的科技数据资源目录，实现宏观科技管理、计划专项布局、专项组织实施、资金管理、评估评价、成果转化等环节的统一规范管理。

自然科学基金委负责建设的科学基金网络信息系统（https://isisn.nsfc.gov.cn），目的是最有效地支持科学基金项目的全过程精细化管理，辅助科学决策，服务于项目依托单位、项目申请人（负责人/参与人）、项目评议人、基金委用户和社会公众，主要功能包括国家自然科学基金资助项目的申请、评议、项目管理、成果管理和项目后评估。

其他有关部委也分别通过各自的信息系统对其所负责管理的项目开展信息化管理工作。

（2）科技成果管理类信息系统。国家科技报告服务系统（https://www.nstrs.cn/）是落实《关于深化科技体制改革加快国家创新体系建设的意见》"加快建立统一的科技报告制度"要求建立的。收录中央、部门和地方财政科技计划项目（课题）呈交的科技报告39万余份，面向社会公众、专业人员和管理人员提供检索、查询、浏览、全文推送以及统计分析等开放共享服务。

国家科技成果转化项目库（http://www.nstad.cn/）主要收集国家和地方财政科技计划（专项、基金等）项目形成的科技成果、科技奖励成果以及部门、地方或行业协会推荐的科技成果，为社会公众、政府部门以及高等院校、科研院所、公司企业、成果转化中介机构、投融资机构等机构提供科技成果信息服务。

（3）科技基础条件平台类信息系统。国家科技图书文献中心（https://www.nstl.gov.cn/）是科技部联合财政部等六部门于2000年6月12日成立的一个基于网络环境的科技文献信息资源服务机构，由中国科学院文献情报中心、中国科学技术信息研究所、机械工业信息研究院等9个文献信息机构组成。中心采集、收藏和开发理、工、农、医各学科领域的科技文献资源，面向全国提供公益的、普惠的科技文献信息服务。

科技部负责的中国科技资源共享网（https://escience.org.cn/），运用现代信息技术，按照统一的标准规范整合了大型科学仪器设备、自然科技资源、国家级研究实验基地、科学数据、科技文献、科普资源等数十个平台的科技资源信息，并提供导航检索、专题服务、评估监测等服务。

科技部负责的重大科研基础设施和大型科研仪器国家网络管理平台（https://nrii.org.cn/），主要管理全国各高校、科研院所和部分企业的单台套价值在50万元及以上的各类科学仪器设备。目前，仪器设备总数量约13万台（套），面向高校、科研院所、企业、社会研发组织等社会用户提供开放共享服务。

3. 地方科技管理信息系统建设情况

随着科技领域"放管服"改革的深入推进，地方科技管理部门也对各地方科管系统进行了针对性建设。

各地科技管理信息平台的管理对象主要包括科技计划、科技项目、科技人才、科研基地、科技成果等，是面向科技管理人员、科技创新主体的科技项目信息集成整合与综合服务平台，发挥着重要的统筹资源、集成项目管理、过程控制、绩效考核、监督评估等作用。地方科技管理信息平台可归纳为"4+N"建设模式："4"是指四大科技业务综合管理平台，分别是科技项目管理平台、科技人才管理平台、科研基地管理平台以及科技成果管理平台；"N"是指为强化项目全生命周期的科技信息服务和管理决策支撑，建设的专业化信息管理平台；一般还包括多种科技管理信息基础数据库，为管理咨询、服务、评估、决策提供数据支撑。

（1）"4"大科技业务综合管理平台。科技项目管理平台：围绕科技计划项目申报、立项、过程检查、验收等环节进行项目全流程管理，为申报项目的实施提供信息化支持，包含项目申报、项目审核、项目评审、项目立项、合同签订、项目验收等功能，例如，北京市科委科技计划项目管理平台、天津市科技计划项目管理信息系统等。

科技人才管理平台：围绕科技人才计划项目申报、审核、评审、立项、合同签订、资金拨付、绩效评估等环节进行全流程管理，提供信息化支持，例如，湖北省科技人才工作平台、广东省人才工作综合管理平台、福建省科技厅人才综合业务管理平台等。

科研基地管理平台：围绕机构、基地等项目的申报，开展信息化管理，为机构、基地的运行维护提供信息化支持，包含机构、基地申报、审核、评审等功能。

科技成果管理平台：包括科技成果数据库、科技成果分析和科技成果转化等内容。例如，天津市科技计划项目成果库主要是对财政性资金支持产生的、可转化的新技术、新产品、新工艺、新材料、新装置及其系统等科技成果信息进行填报和管理；山东省科技成果转化服务平台用于集成高校、研究机构、企业和中介机构等各类组织的科技信息以及公共科技信息资源，跟踪各级政府科技计划、自主创新专项等项目专利及成果产出并收集科技型小微企业的技术需求，促进成果对接和转化。

（2）"N"个专业化信息管理平台。科研诚信管理平台：如吉林省将科研诚信作为省科技发展计划项目申报的必备条件，近年来逐步建立和完善了信用管理数据库，形成科研诚信管理平台，对项目申报人和负责人、评审评估专家、项目申报单位和承担单位、项目参加单位、项目推荐单位、中介服务机构等的信用进行记录和管理。

高新技术企业管理服务平台：如山西省、福建省、江西省等为实现高新技术企业认定和管理建设了高新技术企业管理服务平台，企业一次填报完成认定，具有信息管理、决策分析、多口径查询、部门联合审批等功能，数据归集统计形成高企数据库，并与国家平台对接，为数据智能分析和大数据挖掘提供支撑。

产业关键技术项目征集平台：如湖北省建立了产业关键技术项目征集平台，全方位、全链条统一征集企业技术需求，为确定今后一段时间的科技项目支持重点和主攻方向提供基础支撑。

科技金融管理平台：如福建省启动"科技贷"业务，建立了"科技贷"管理平台，建设"科技贷"风险资金管理系统、科技型中小微企业数据库、科技型企业核心软实力评价体系等，提供线上申请、补偿金管理统计分析等功能，为金融机构信贷投放提供数据支撑。

科学技术奖励综合业务管理平台：如重庆市通过平台建设实现了奖励工作全流程、规范化管理，提升了奖励工作的公平性、公开性，提高了科技奖励工作的效率和质量，支撑了科技奖励工作的顺利开展。

（3）基础数据库建设。项目库：对全国46个地方科技管理部门所建设的科技管理信息系统进行梳理，发现科技管理信息系统中均包含项目库管理。项目库中的项目主要来自两部分：一部分是地方科技管理部门对外公开征集的科技计划项目；另一部分是地方科技管理部门根据国家和上级管理部门要求，结合本地实际而制定的科技计划项目。

专家库：科技专家库主要用于对科技专家的动态、高效、科学管理，包含专家信息维护、出入库管理、智能匹配、评审评估、信用管理等功能，为科研项目评审、科技平台认定与评估、科技奖励评审、科技成果评估、决策咨询、技术创新顾问等提供服务。目前各地方科技管理部门都建有一定规模的专家库，所属科技评估机构可以使用科技管理部门建设的专家库开展评估工作；同时，很多社会化评估机构根据工作需求也建立了各自领域的专家库。

成果库：科技成果库是科技管理信息系统的重要组成部分，用于对财政资金支持形成的科技成果信息的汇集和管理，包括成果的基本信息、完成人信息、持有单位信息、知识产权信息、形成成果的计划项目信息、获奖信息、推荐机构信息、转化应用信息等。地方科技管理部门多数将成果管理融入科技管理信息系统中，在科技计划项目管理流程中嵌入项目成果信息采集环节，验收前提交成果资料，做好成果填报登记。个别地方单独建有科技项目成果库，如天津市科技计划项目成果库、四川省科学技术研究成果档案馆、山东省科技成果转化服务平台、山西省科技成果转化和知识产权交易服务平台、新疆科技成果管理网等。

（三）科技评估信息化应用服务

科技评估信息化应用服务主要围绕科技管理和科技评估的现实需求，运用互联网、大数据、人工智能等新一代信息技术，建设统一的科技评估信息平台，实现科技评估全过程信息支撑，对评估对象实现事前、事中、事后评估，充分利用现有数据和衍生数据，形成科技评估数据库，使科技评估信息支撑平台成为科技评估业务的综合服务平台，为科技评估工作"保驾护航"。目前，国内科技评估行业较少建设单独的评估信息系统，大部分融合在科技管理系统或政务一体化系统中，本节选取部分单位和地方简要介绍其科技管理及评估信息化应用服务情况。

1. 科技部科技评估中心信息化管理体系

科技部科技评估中心围绕评估需求，以全面提升科技评估能力和效率为目标，构建了面向多维应用的科技评估信息化体系，包括：整合各类评估资源，以评估数据库为基础构建科技评估知识服务平台；汇聚多种评估工具，面向科技项目、人才、基地等评估评审活动需求，搭建科技评估综合应用平台；立足科技前沿，开展监测评估，建设"互联网+"和数字经济监测评估平台。

（1）科技评估知识服务平台。科技部科技评估中心科技评估知识服务平台完成了基础评估数据库的搭建，具备评估基础数据的采集、查询、分析等功能，为科技评估提供数据支撑服务。当前主要包括模型方法库、重大专项库、企业法人库、评估案例库、机构基地库、科技资讯库、科技资源库、科技报告库、科技政策库、评估项目库、评估专家库、方案指南库等。该平台依托数据资源，将评估行业相关的评估模型、评估方法、评估工具等知识内容进行收集整合，形成一系列提供特定应用服务的信息系统。这些信息系统可以为评估人员在相关专业领域提供更高效的知识服务，辅助评估人员开展评估业务或学习研究活动。例如，系统可以根据服务对象和服务目的，对用户的检索行为及可能使用的其他应用进行分析，对资源库中的信息进行知识标引，为科技评估人员和管理人员提供智能检索与分析服务。

（2）科技评估综合应用平台。科技部科技评估中心综合应用平台，整合评估资源管理系统、评估业务支持系统、评估支撑工具等多个信息系统，实现对科研项目、人才、基地等评估活动的数据采集、在线评审、数据分析、评估报告辅助生成等功能，具备评估活动全过程组织管理能力，为评估活动的在线组织和高效实施提供有力的支撑。

评估资源管理系统：包括数据资源管理、数据资源搜索、专题库维护、专题库浏览等功能。目前主要包括3个库：评估政策库、评估人才库、评估项目库，这些库在数据资源上统一管理，对应的各个模块的使用场景有所差异。评估政策库的主要数据资源包括政策发文、领导讲话和研究资料，前两者通过检索公开网站，不定期进行数据采集清洗，结构化入库；研究资料上则提供数据录入的入口。获得授权的用户可以建立政策专题库，创建专题和收录相关的政策资源，查看专题统计结果以及分享个人专题库供其他用户查看。评估人才库基于采集的人才信息数据。用户可以查看人才的基本信息和人才画像，建立人才专题库并查看其关联关系图谱。评估项目库包括重大专项库、重点研发计划库、自然基金库、地方项目库等，同时对接评估业务支持系统，对归档数据进行存储。

评估业务支持系统：实现对各类评估活动的全过程管理。在评估设计阶段，可以根据评估需求创建评估任务，按照预先设置的数据逻辑对评估材料进行审查、抽取和加工处理，规划和建立评估指标体系，制定评估工作方案和评估手册等。在评估执行过程中，整合一系列的标准化评估方法及工具，如问卷调查、指标评价、对比分析和文本分析等，实现数据与文本的计算机辅助分析，帮助评估人员完成数据分析处理，实现评估信息自动记录存档，为后续评估报告的撰写提供数据支撑。在评估报告形成阶段，聚合相关评估证据、评估发现，自动生成评估报告模板，并提供可视化编辑管理功能供评估人员进行修改调整，提升评估人员的报告编写效率和质量。评估任务结束后，评估文档、评估证据、评估报告、专家使用及评价信息等转入评估资源管理系统并可备份进入评估中心知识库，不断丰富评估知识积累，并与知识服务系统联动，实现评估知识共享。当前系统已支撑开展科研项目、人才、机构基地、科学普及和经费预算等多项国家及地方的科技评估工作。

技术就绪度评价系统：系统主要分为项目技术就绪度评价和成果技术就绪度评价两个部分。其中项目技术就绪度评价包括科技项目立项、过程管理、结题等不同阶段中涉及的技术就绪度评价和基于技术的成本分析。成果技术就绪度评价主要用于科技成果转化或产业化分析，作为科技成果转化的技术风险因素分析和评价的判断依据。系统通过数据采集与汇总分析，自动生成可视化图表及技术就绪度评价报告，并在此基础上积累形成项目库、成果库和技术评价指标库等。该系统解决了技术、科研项目的标准化、结构化、定量化评价问题，促进技术、科技项目的产业化，提升科研投入产出效率，提高科技管理水平。

评估支撑工具：包括问卷调查系统、财务检查系统等。问卷调查系统将评估业务开展过程中的问卷调查行为通过信息技术手段在线完成。"评估问卷调查系统"使用户能更方便地动态生成问卷，及时快捷地了解问卷结果，高效率开展信息的结构化分解、保存、分析加工，最终根据数据统计结果，自动生成问卷调查报告初稿。系统支持多种题型，快速动态组卷，定向发布并可对答题的统计结果进行展示。财务检查系统可根据项目财务数据资料，按照统一格式进行数据抽取，在课题和项目两个维度生成相应的财务检查报告，有效支撑财务检查全过程。

（3）"互联网+"和数字经济监测评估平台。科技部科技评估中心"互联网+"和数字经济监测评估平台由数据采集、数据融合与图谱构建、数据应用3个层级构成。该平台挖掘和利用互联网公开数据与内部积累数据，建立精细化知识体系，采用人机结合方式，通过机器学习技术对科技、产业大数据进行标注和分类，由专家对分类结果进行干预，循环迭代完善知识体系和算法模型，从而构建大数据分析平台。基于大数据分析平台，已建成数字经济科技创新和产业发展监测评估、政策评估等多个评估支撑子系统，能够实现人工智能领域前沿技术趋势预测、创新链产业链构建、区域产业发展评估、经济规模测算、国际竞争力评估、数字经济重大工程监测预警等功能并可自动生成评估报告。该平台通过对全球主要国家、我国各地区重点领域科技、产业发展态势及政策情况的监测评估和可视化，为制定科技规划、完善政策措施、提升执行质量等提供了决策依据。

2. 浙江省"浙江科技大脑"

"浙江科技大脑"是综合集成管理科学、管理体系与信息技术、信息平台的系统工程，是浙江省科技厅核心业务与数字技术的深度融合。自2020年7月上线以来，"浙江科技大脑"政策、办事、决策、监管四大模块83个核心业务均已上线运行，实现了全业务全流程全覆盖。"浙江科技大脑"通过运用科研管理模块、数据库模块、专家库模块等信息资源，为政策绩效评估、项目评审、人才评价、载体评估等科技评估工作提供信息化支撑服务，主要开展了以下工作。

系统集成各类科研数据。"浙江科技大脑"通过汇聚、交换、采集、共享等多种方式，汇聚了包括R&D经费支出、高新技术企业、高新区等多个角度130余项核心指标数据，涵盖省市县三级科技部门近2 200条数据，以及1万多家科研机构、25万多台（套）科研仪器设备等科技资源要素相关数据，对创新活动进行实时反映，实现全部科技数据、系统、资源的统筹，建立统一的科技数据汇聚和计算平台，制定统一的数据规范。建设"网上技术市场3.0"，包括科技成果转化指数、高校院所成果供给、技术交易服务、成果产业化4个子模块，全面展示浙江省科技成果转化态势分析，提供决策支撑。建立全省统一的科研诚信公共信息平台，构建科研诚信指标体系、科技监督体系、科研评价及联合奖惩体系，以生动直观的形式提升信息传播吸引力、感染力。

精准匹配评估专家资源。完善专家信息更新制度，运用大数据分析和智能匹配技术，采集和完善入库专家个人信息，减轻专家信息更新负担，提高专家信息准确性；完善专家履职评价制度，对专家的业务水平、工作态度、质量规范等履职情况开展事后评价，并按年度对专家履职情况进行动态评价，作为专家抽（选）取的重要参考，专家履职行为按照有关规定记入专家个人科研诚信档案；完善专家培训制度，采用在线学习、现场培训等方式，开展政策法规、评审规则、评审实务、廉政教育等内容培训，确保科技评审和咨询活动高质量开展。

深入拓展评估信息化应用。"浙江科技大脑"搭建"省级产业创新服务综合体""省级重点实验室"等子模块，通过数据智能抓取、实时比对筛选、跨模块数据协同等功能，在评估指标体系和算法基础上，自动生成评估指数，提高评估精准度和效率。如在省级产业创新服务综合体年度考核评估工作中，"科技大脑"可自动识别异常数据，计算生成"体制机制创新指数""创新能力指数""服务能力指数""产业竞争力指数"；在省级重点实验室责任期考核工作中，"科技大脑"可完成实验室成员重复性实时比对、论文校验检索、成果从属比对筛选等工作，打破模块间信息壁垒。

3. 广州市科技业务管理"阳光政务"平台

广州市科技业务管理"阳光政务"平台统筹全市科技业务管理，支撑科研单位开展"科学发现、技术发明、产业发展、人才支撑、生态优化"全链条科技创新。该平台体现模块化、组件化、参数化建设思路，系统功能结构灵活，实现与科技相关的信息系统无缝对接、全市科技业务"一站式"办理、对科技企业的成长和科技项目建设全流程和全覆盖管理，方便用户办理各项业务。

该平台实现了科技项目的全流程管理，集成了评审管理、专家库管理、科技企业管理、人才管理、成果管理、科普基地认定与资助管理、科技报告呈交管理等功能。其中，评审管理流程主要包括评审机构设置、评审参数设置、专家抽取、专家评审、评审项目跟踪、评审结果统计、评审信息公开等环节，可实现网上评审、会议评审、现场考察等多种评估形式。

为充分利用平台资源，实现资源共享与管理，更好地服务高校、科研机构以及各区科技行政主管部门，更好地落实广州市科技计划项目全过程管理简政放权改革，该平台科技评估等功能向各有关单位开放共享，充分利用平台资源，推进项目全过程信息化管理。

4. 成都市科技项目申报系统

成都市科技项目申报系统为成都市科技局提供的"一站式"精细化科技业务综合管理服务，支持全过程科研项目管理和专项资金管理，包括指南发布、申报受理、立项评审、过程管理、绩效评价等功能。

系统全面支撑成都市科技局科技计划管理工作，包括基础能力建设计划、重点研发支撑计划、成果转化引导计划、创新环境提升计划、专项工作等五大计划。同时，该系统还提供了技术合同登记、创新创业载体报告填报、科技与专利保险险种评审和备案等功能。

系统具有快捷办事通道，为项目负责人、申报单位、推荐单位、评审专家、服务机构、评估机构提供快捷而清晰的登录和办事入口，简化并优化了科技项目申报和管理的流程。系统配有通知通告和公示公告，为科技项目工作者提供最新的政策要求和科技项目信息，还能汇总常见问题，设立项目申报系统官方QQ群和"成都科技服务公众号"，方便解决申报单位疑问。

为方便申报和管理，系统优化了提醒和维护功能。特别为单位管理员设置了工作助理服务，列出了对进入用户需处理的各类业务的提醒信息，并提供了相应的链接，可以让进入用户更方便地进入到要处理的工作界面。通过单位信息维护对单位信息进行完善并同步到单位项目申报书中。项目管理人员可通过人员管理系统和短信通知系统，通知项目申报人项目进展情况和后续操作安排等。

5. 沈阳市科技创新管理平台

沈阳市科技创新管理平台是沈阳市开展科技规划、计划、项目和政策管理的"综合性、网络化、交互式"业务工作平台，是沈阳市统筹全市科技创新资源、激励和引导全市科技创新活动的重要载体。该平台管理和汇集的科技管理信息资源，为科技评估工作提供了较为系统的数据支撑。

该平台具备无纸化、全流程、全留痕、全平台的"一无三全"功能，实现了科技计划全部项目信息化管理、可追溯查询的目标，有效提升了项目各环节的管理效率。通过"全流程"，科技计划项目管理过程中涉及的需求征集、项目申报、专家选取等11个环节全部实现远程网上操作；通过"全留痕"，可以查看该项目从申报、审核到立项、验收的全部管理信息，方便调阅项目申报书、合同书、承诺书、审批文件、变更文件、验收证书以及相关附件等的原始备案材料；通过"全平台"，能够及时进行功能拓展，满足科技创新发展的要求，并与沈阳市科技局正风肃纪大数据监督平台系统实现数据交换。

三、科技评估信息化趋势与展望

依托现代信息技术和信息资源为科技评估工作提供高效支撑，为科技管理决策提供有力支持，已成为各级科技管理部门和评估机构的共识。随着海量科研数据和全流程、全要素科技管理信息化建设的数据积累，人工智能、大数据分析、区块链等信息技术在科技管理及评估中逐步应用，科技评估信息化越来越呈现出数字化、网络化、智能化的发展特点，科技评估的科学性、精准性和预见性不断提高，对支撑科技管理和决策、优化科技资源配置、提升科技治理能力起到了越来越重要的作用。然而，通过对多家科技评估机构的问卷调查发现，评估信息化水平不高、评估信息共享不足、信息获取困难仍是制约科技评估行业发展的重要因素。因此，科技评估信息化建设还应关注以下方面。

1. 提升对科技评估信息化重要性的认识和建设共识，加大资金投入和人才培养

当前各评估机构已经认识到评估需要信息化手段支持，但由于长期形成的人工操作习惯和专家依赖模式，对于如何用信息化手段支持科技评估，怎么构建一个高效的科技评估支持平台还没有一个清晰的构想和系统设计，也没有形成行业内的共识。因此，首先要充分利用科技评估行业年会、交流会、培训班等，宣传科技评估信息化的重要意义和作用，提升各评估机构和人员对科技评估信息化建设的认知，交流科技评估信息化建设经验体会，促进科技评估相关方形成对信息化建设的共识；其次，进一步加强科技评估信息化基本内涵、建设内容等方面的研究，为科技评估行业开展信息化建设提供科学指导；最后，推动各方加大科技评估信息化经费和人员投入，不断完善信息技术支撑和基础保障设施，培养既懂信息技术又了解科技管理和评估的复合型人才，加快推进科技评估信息化建设。

2. 建立有效的科技评估数据共享机制和统一的数据管理标准，支撑评估信息化建设

随着我国各级科技管理信息体系和数据服务体系的建立，统一的科技数据治理体系逐步构建，为科技评估工作提供了数据基础。评估信息化需要多领域信息数据支撑。因此，首先要建立有效的数据共享机制，加强各主体统筹协调，通过加强管理和技术手段，在做好数据合规管理及安全保密的前提下，实现各部门、各评估机构、各类评估活动之间的数据共享。打破数据壁垒、消除数据鸿沟，最大程度地开放数据资产，促进数据关联应用，激发数据信息在科技评估中的叠加、放大、赋能作用，实现各层级协同共治，使复杂的评估问题通过数据信息协同并运用场景化评估模型得到解决；其次，加快建立统一的数据管理标准，规范数据的采集、存储、处理等环节，确保数据的完整性和准确性，统一数据接口、数据采集标准和统计口径，提高数据的一致性，为数据的建模、分析、运用以及后续开放共享扫清障碍，实现评估数据标准化管理，逐步构建互联互通的多层级科技评估信息化数据治理体系，提升数据使用效能。

3. 开展基于大数据等信息化技术的评价分析，为科技决策和管理提供有力支撑

国家治理体系和治理能力现代化建设对科技管理的要求越来越高，能否汇聚与挖掘评估对象的实时、准确、全面的数据信息，对评估工作的成效起到重要作用。应充分运用信息技术的精准性、智能化等特点，全面支撑科技评估全过程，实现科技活动的事前风险评估、事中进展评估、事后绩效评估全覆盖，全数据分析并及时跟踪评估决策和管理的科学性，有效降低主观因素带来的不利影响，使评估更加精准、及时、合理、有效。如在政策评估中，运用信息技术手段建立高效的民意反馈机制和渠道，通过数据采集、脱敏、分析等手段，及时从海量数据中掌握各方对政策的意见，提高评估的效率和科学性。

4. 创新基于信息化发展的科技评估方式方法，引领科技评估行业变革

随着科技评估信息化支撑平台的逐步完善，数据算力的提升、评估模型的多领域覆盖与不断迭代，日趋完善的数字化模拟评估将逐步实现对未来趋势及风险的精准预测研判。大数据、云计算、物联网、区块链和人工智能等前沿技术的应用将推动智能化评估方式的建立，颠覆传统科技评估方法，重塑科技评估理念，提升科技评估的科学性、准确性和有效性，构建新的科技评估体系，引领科技评估行业重大变革，推动我国科技评估事业高质量发展。

下 篇

科技评估典型案例

第一章
历史科技评估经典案例[①]

一、《国家中长期科学和技术发展规划纲要（2006—2020年）》实施情况中期评估

2006年，国务院颁布实施了《国家中长期科学和技术发展规划纲要（2006—2020年）》（以下简称《纲要》），作为新时期指导我国科学和技术发展的纲领性文件。随着全球科技和经济的迅猛发展，以及国家对深化科技体制改革、加快国家创新体系建设作出的重要部署，我国的科技发展也面临着新形势和新任务。为了适应科技发展，把脉《纲要》执行情况，2013年，在《纲要》实施近半之际，科技部牵头组织了《纲要》实施情况的中期评估。

该评估以前期调研、专题评估、地方评估、国际咨询、三院咨询等为基础，由评估专家组完成总体评估工作。评估设置了国家科技重大专项的进展与效果、各领域科技任务进展与效果、配套政策实施与国家创新体系建设的

---

① 本章编写人员：屈明剑、郭琳娜。

进展与效果3个方面的20个专题，从总体目标的实现程度、国家科技重大专项实施进展与效果、各领域科技任务实施进展与效果、配套政策实施与国家创新体系建设的进展与效果、纲要的组织实施机制、纲要实施的战略影响、需求挑战分析和调整建议等角度开展评估。

评估活动调研了44个部门和38个地方，组织交流研讨会200余场，发放回收调查问卷近4 000份，通过三院咨询征求了数百名院士和高层专家的意见，通过70个驻外使领馆科技处（组）以问卷调查形式征求了37个国家467名海外专家的意见，交流访问了78名海外专家。评估全面梳理并客观反映了《纲要》7年来的执行情况，分析研判了未来科技发展的形势和需求，提出重大任务调整充实的建议。相关成果在国家"十三五"科技规划制定等工作中得到应用，推动了我国科技工作的长期稳定发展，保障了创新驱动发展战略的顺利实施。

二、《中华人民共和国科学技术进步法》有关制度立法后评估

《中华人民共和国科学技术进步法》（以下简称《科学技术进步法》）是我国科技事业发展的基本法，对国家发展科技事业，依靠科技推进经济社会发展，以及社会各界参与科技创新等作出了明确要求。2007年，我国对《科学技术进步法》进行了修订并于2008年7月实施，在体制、机制方面进行了一系列创新。为掌握修订条款的实施情况和各方意见，促进科学立法、民主立法并提高立法质量，2010年全国人大常委会组织开展了《科学技术进步法》有关制度的立法后评估试点工作。

评估针对《科学技术进步法》中重点修订的第20条（关于科技项目形成的知识产权授权、实施和利益分配）和第33条（关于鼓励企业研发和创新）开展，分专题评估和综合评估两个阶段。评估由立法机构、法律实施主管机构及专业评估机构共同开展，成立了由全国人大法工委、科技部、教育

部、中国科学院、中国科协等单位组成的联合工作组。通过文献研究、问卷调查、实地调研和案例分析等方法，完成了修订条款的立法质量及执行情况评估，形成了评估报告，并经第十一届全国人大常委会第二十一次会议审议通过。

该评估是全国人大常委会层面组织开展的、围绕选定法律进行立法后评估的一项开创性工作，促进了立法和执法的衔接，增强了立法的科学化与民主化，提高了立法质量，推动了法律的有效实施。

三、国家科技创新政策实施情况监测与评估

为加强对重点科技创新政策实施情况和效果的跟踪研究，科技部从2008年开始，每年组织开展科技创新政策实施情况年度监测和评估工作。从科技创新政策全过程评估的视角，采取基于证据、面向关键问题的评估方法和政策文献分析、地方管理部门自查评价、政策受众问卷调查、典型省市实地调研、座谈研讨、重点政策专题分析、典型案例研究、专家咨询评议、政策舆情分析等工具，开展调研和综合分析，形成评估报告。

该评估注重"面""点"结合。"面"上着重关注党中央、国务院以及各有关部门、地方相关重点政策文件的制定出台情况，各地科技创新政策体系的构建情况和特点，各地在推动和落实政策方面的最新工作进展情况。"点"上着重关注企业创新税收优惠、促进科技成果转移转化、股权和分红激励等重点政策的落实进展情况，诊断分析，"解剖麻雀"，以点带面。

经过多年实践，逐步实现了科技创新政策评估和重大改革任务评估的制度化、规范化，为决策部门推动科技创新政策和改革举措落实、调整完善和新出台政策提供了重要参考。相关工作得到了国务院、中央改革办和国家科改领导小组领导的高度评价。

四、国家科技重大专项年度监督评估

国家科技重大专项是为了实现国家目标，通过核心技术突破和资源集成，在一定时限内完成的重大战略产品、关键共性技术和重大工程，是我国科技发展的重中之重。2009 年开始，科技部会同国家发展改革委、财政部每年组织开展对民口 10 个重大专项实施情况的监督评估。科技部科技评估中心和相关专家组承担具体评估任务，重点评价专项年度实施进展和目标完成情况、任务部署对标志性成果的支撑、成果转化应用和推广情况、实施推进和重大问题的解决情况等。形成评估报告向国务院汇报。

经过近 10 年的实践，重大专项监督评估逐渐成为专项管理和推进的重要抓手，评估目的也从主要反映实际情况，发展到全面服务管理、支撑科技决策。当前，监督评估长效机制逐步形成，通过各专项监督评估报告、监督评估总报告、专报、工作简报等多种类型的产出，帮助管理者全面掌握民口 10 个专项整体实施情况，分析实施过程中的重大技术瓶颈、关键问题和体制机制障碍，客观评价实施进展和成效，起到了"掌握实情、发现问题、监督指导、推进实施"的作用，为促进专项战略目标实现奠定了坚实基础，为国家重大战略决策部署提供了重要支撑。

五、国家自然科学基金资助与管理绩效国际评估

国家自然科学基金（以下简称"基金"）是国家创新体系的重要组成部分，科技体制改革以来，随着基金资助额度的逐步增加，自然科学基金委对基金开展绩效评估的内在需求日益迫切。2010 年，为进一步提高基金的资助和管理绩效，财政部和自然科学基金委联合委托，以全球视野，对基金 25 年的资助和管理绩效进行独立、全面的评估。

该评估采取"国内准备＋国际评估"的组织模式，科技部科技评估中心

联合国内有关研究机构组成评估分析组,从多种渠道搜集评估证据,为国际评估专家委员会提供证据报告;国际评估专家委员会由国内外知名科学家、国外知名科学基金组织领导人和对中国科技政策有深入研究的知名专家13人组成,根据前期基础,开展必要的访谈、调研、座谈会等,研究分析基金的战略定位、资助绩效、管理绩效和影响4个方面的10个关键议题,形成评估结论,提出发展建议,完成评估报告。自然科学基金委高度重视并专题研讨评估结论和评估建议,就评估报告和综合证据报告中的大量调研数据和分析结论进行了深入分析,形成了整改工作行动计划,并在优化基金资助结构、提高评审效率和质量等方面实施了一系列管理改革举措。

该评估是当时我国规模最大、范围最广、国际化程度最高的战略性、综合性绩效评估。时任国务院领导温家宝总理、李克强副总理、刘延东国务委员对基金工作25年来取得的成绩、国际评估工作取得的成功经验和示范作用给予充分肯定。刘延东指出,实施科学基金制是中国科技体制改革的成功探索,在25年的发展历程中,国家自然科学基金发挥了重要而积极的作用,邀请国际知名专家对科学基金资助与管理开展绩效评估,对于探索建立科技绩效评估体系、促进科学基金制发展和完善具有重要意义。评估活动在国内外产生了重大反响,各界高度关注。国际评估专家委员会主席杰尔教授和副主席温奈克教授联名在 Science 杂志上发表题为《中国科学基金》的署名社论,全面介绍了该次评估,认为评估工作对许多国家都有借鉴意义,提升了中国科技和评估工作在国际上的影响力。

六、国家重点研发计划重点专项指南评估

国家重点研发计划整合了"973计划""863计划"、国家科技支撑计划、国际科技合作与交流专项、产业技术研究与开发资金、公益性行业科研专项等计划(专项),从基础前沿、重大共性关键技术到应用示范进行全链条创新设计,一体化组织实施,是科技计划管理改革后各方关注的焦点。国家重

点研发计划重点专项年度项目申报指南是体现专项的定位和目标、落实专项实施方案尤其是年度支持方向和任务布局、项目申报单位和项目负责人资格条件等要求的具体文件，是项目申报推荐、立项评审、审批和经费支持的重要依据。

2015—2018年，科技部科技评估中心对国家重点研发计划已实施的60余个重点专项的各年度项目申报指南开展了评估。评估从非计划管理者和执行者的独立视角分析指南的基本状况和特征，对比指南与专项实施方案的相关性，评价指南与管理政策要求的相符性，对指南任务之间的交叉重复现象进行筛查，形成评估结论。根据评估结论，科技部调整完善了各专项指南。

该评估是科技计划管理改革后，强化专项层和前中期评估工作的重要实践，在计划和专项起步阶段发挥了评估的重要咨询作用，提高了项目申报指南的规范性、合理性和公信力，为项目申报和立项工作奠定了良好基础。同时，为改革后国家科技计划新体系顺利运转、在科技界树立国家科技计划良好形象提供了保障，为国家科技计划管理改革和组织实施营造了良好环境。目前，指南评估已成为国家重点研发计划管理的一个重要环节，并逐步推广到国家科技重大专项等其他国家科技计划的管理中。

七、项目管理专业机构改建中期评估

科技计划管理改革后，政府部门不再直接管理具体项目，而是充分发挥项目管理专业机构和专家在科技计划具体项目管理中的作用。《国务院印发关于深化中央财政科技计划（专项、基金等）管理改革方案的通知》提出"依托专业机构管理项目""加强对专业机构的监督、评价和动态调整，确保其按照委托协议的要求和相关制度的规定进行项目管理工作"。作为新生的项目管理主体，项目管理专业机构受到科技界和社会公众的普遍关注，其建设和管理是一个逐步探索完善的过程，评估在其中发挥了重要的作用。

首批项目管理专业机构有3年的改建期，《中央财政科技计划（专项、基金等）项目管理专业机构管理暂行规定》要求"到 2017 年底，专业机构剥离与项目管理无关业务，全面完成改建任务"。2016 年下半年，在项目管理专业机构改建进程过半，并已全面开展项目立项管理工作之际，科技部组织开展了项目管理专业机构改建中期评估。该评估基于项目管理专业机构提交的自评价材料，结合实地调研、电话访谈、座谈交流，对照各机构的《改建方案》中提出的年度任务、时间进度和预期成果，开展 7 家项目管理专业机构法人治理结构建设、制度体系建设、机制建设、内部组织建设等方面的分析，评价改建进度，指出问题，并对下一步改建工作提出建议。

该评估推进了项目管理专业机构改建工作，保障了机构改建目标的完成，推动具有完善的法人治理结构、健全的机构设置、完善的规章制度、高素质的科研管理团队和相关领域专业化项目管理能力的项目管理专业机构的建立，使科技计划新体系运转更加顺畅。

八、国家重点实验室评估

国家重点实验室作为国家科技创新体系的重要组成部分，是国家组织高水平基础研究和应用基础研究、聚集和培养优秀科技人才、开展高水平学术交流的重要基地。为全面了解和检查实验室 5 年的运行状况，促进实验室发展，科技部每年对 1~2 个领域的国家重点实验室开展运行评估。

1990 年科技部建立了第一套有关国家重点实验室评估的规则，此后，经过了多次修订。目前，评估主要围绕研究水平与贡献、队伍建设与人才培养、开放交流与运行管理 3 个方面开展。评估包括初评、现场考察和综合评议 3 个阶段。科技部根据评估报告和专家评估意见，确定并发布实验室评估结果及处理意见。

该评估帮助实验室发现自身问题并改进完善，提升创新能力，实现可持续发展，同时，加强了实验室的管理，促进了优胜劣汰，实现了资源的有效配置，对推动我国基础研究的发展起到了重要作用。

九、中国科学院研究所评价

中国科学院重视发挥科技评价在明确导向、激励创新、衡量绩效、支撑决策中的重要作用，构建了由支撑院战略管理的评价、促进研究所竞争发展的评价、体现院政策导向的专项评价构成的三层次科技评价框架。其中，研究所评价是核心。

20世纪80年代初，为了加强研究所的学术领导力，中国科学院开始组织院士对部分研究所进行同行评议。1993年，研究制定了研究所定量评价指标体系，对研究所进行排名并在工作会议上发布。1998年，为支撑知识创新工程试点工作，中国科学院构建了既注重创新质量，又注重发展状态和体制机制创新的综合质量评估方法，以研究所年度基础数据定量监测和自评交流为基础，系统评价研究所创新绩效、发展状态和规划布局。

2012年，以实施"创新2020"为契机，中国科学院进一步改革科技评价制度，构建了以重大成果产出为导向的新型研究所评价体系，主要判断研究所是否实现了重大产出，并诊断和监测研究所有利于产出重大成果的关键要素。重大产出导向的研究所评价由"两个环节、一个基础"构成，其中，"两个环节"包括5年一次的"一三五"专家诊断评估和重大突破目标完成情况验收，"一个基础"是指研究所关键要素年度监测。新型评价体系在引导研究所瞄准重大产出，关注科技创新的科学价值、经济社会影响等方面发挥了重要作用，有助于中国科学院把握研究所研究方向和发展状态，帮助改善管理，提升创新能力，实现创新目标。

十、双创示范基地建设与进展情况评估

按照国家建设一批高水平的双创示范基地的要求，中国科学技术协会于2016年、2018年开展了两次双创示范基地建设的评估。2016年主要从基地

建设、平台建设、人才培养、政策扶持、成果转化、人才流动、开放共享等方面进行了系统梳理，调研评估建设情况。2018年则按区域基地、企业基地、高校基地和科研院所基地进行分类评估，通过自评估、专家甄别筛选、实地调研，结合信息采集质量和国家战略和区域发展布局，进行了综合评价，遴选出具有典型特色的双创示范基地，提炼双创示范基地的典型经验，总结亟待解决的突出问题并提出推动示范基地持续发展的政策建议。评估工作为《国务院关于推动创新创业高质量发展 打造"双创"升级版的意见》等文件的制定提供了支撑，发挥了科技智库在助力实施创新驱动发展战略、持续深入推进"双创"过程中的作用。

十一、《国家知识产权战略纲要》实施10年评估

2017—2018年，国家知识产权局组织开展了《国家知识产权战略纲要》实施10年评估。该评估成立了由第十二届全国人大常委会副委员长严隽琪任组长、24位高层次战略专家组成的总体专家组以及由国务院知识产权战略实施工作部际联席会议办公室和科技部科技评估中心组成的评估工作组，开展了部门自查、地方评估、国际咨询、公众调查等评估工作，完成了12个专题评估、2个专题研究和总体评估。评估帮助管理部门掌握知识产权战略实施10年的总体进展和目标完成情况，提出了在新时代制定新一轮知识产权战略，加快建设知识产权强国的建议，并形成专报提交党中央和国务院。评估期间，世界知识产权组织（WIPO）专门组织专家来华调研座谈，对中国知识产权战略实施进行国际咨询，提升了我国知识产权工作的国际影响力。

第二章
2019—2021 年科技评估典型案例

一、全面创新改革试验区域政策评估[①]

（一）评估基本情况

1. 评估背景和目的

为贯彻落实中共中央办公厅、国务院办公厅《关于在部分区域系统推进全面创新改革试验的总体方案》的部署要求，2016—2019 年，科技部科技评估中心对四川、西安、沈阳 3 个试验区域的全面创新改革试验情况进行了年度评估。以 2019 年年度评估为例，其主要目的是系统总结全面创新改革试验的进展和成效，总结推广改革经验做法，发现问题，科学诊断和研判，并提出建设性的政策建议，为下一步推进相关区域改革举措的落实和完善，以及新出台改革试验政策文件、形成新一轮改革布局等提供决策参考和依据。

---

① 本案例编写人员：杨芳娟、王再进。

2. 评估时间

2019年1月至12月。

3. 评估主体

受全面创新改革试验部际协调机制办公室的委托,科技部科技评估中心以四川、西安、沈阳3个试验区域为主要评估对象,对3个试验区域的全面创新改革试验进展情况进行了阶段性总结评估。

(二)评估开展情况

1. 评估组织实施方式

本次评估组建了专题评估工作组,研究设计了各试验区域的评估调研方案,在试验区域的配合下,通过开展案卷研究、数据分析、实地调研、利益相关者座谈、专家研讨等活动,对试验区域的改革进展情况和科技领域的重点举措落实情况进行了评估。

2. 评估内容

本次评估聚焦试验目标实现、组织机制保障、任务实施进展、成果辐射带动、政策受众评价5方面凝练评估关键问题,对四川、西安、沈阳的改革试验进展情况进行综合考察分析,总结评估的主要结果、形成结论,并提出有关政策建议,详见表23。

表23 全面创新改革试验区域评估的主要维度和关键问题

评估维度	关键问题	证据来源
试验目标实现	• 试验区域创新改革试验3年(2016—2018年)总体目标的实现进展如何?(对标四川/西安/沈阳试验方案中提出的目标,包括定性目标和定量考核指标)	• 自查汇报 • 实地调研 • 专题分析 • 座谈研讨 • 专家咨询 • 统计数据

(续表)

评估维度	关键问题	证据来源
组织机制保障	● 试验区域推进全面创新改革试验组织机构（工作领导小组、办公室、全创办）的设立、运行情况及效果如何？ ● 试验区域推进创新改革试验配套工作制度（如联席会议制度、简报制度、经验总结提炼制度、责任分工和考核评估制度、督导检查制度等）的建立、运行情况及效果如何？ ● 试验区域涵盖省、市两级、对接中央部门的工作协调推进机制的建立、运行及作用发挥情况如何？ ● 试验区域从总体上是否已构建形成推进全面创新改革的长效机制？	● 案卷研究 ● 自查汇报 ● 座谈研讨 ● 实地调研
任务实施进展	● 国家授权试验区域先行先试改革举措的实施进展和成效（突出改革试验核心主题，聚焦国务院批复确定的若干改革试验领域）？ ● 试验区域自主探索重点改革举措的实施进展和成效（突出改革试验核心主题，体现试验区域特色和亮点）？ ● 全面创新改革对促进本地区创新驱动发展转型和对当地经济社会发展的作用和影响？ ● 影响试验区域创新改革举措落实的因素、条件和环境？ ● 第三批改革经验的凝练总结进展情况？	● 自查汇报 ● 实地调研 ● 座谈研讨 ● 专题分析 ● 统计数据
成果辐射带动	● 试验区域在市场公平竞争、知识产权、科技成果转化、金融创新、人才培养和激励、开放创新、科技管理体制等方面，新形成了哪些可复制推广的典型经验和做法？ ● 国务院已部署推广的首批13项、第二批23项改革举措在本区域的复制推广情况和效果如何？	● 自查汇报 ● 实地调研 ● 专题分析 ● 专家咨询 ● 统计数据
政策受众评价	● 试验区域的企业、高校、科研院所等创新主体，对全面创新改革试验的知晓程度和认知感受？ ● 创新主体对本试验区域创新改革试验的效果是否满意？ ● 创新主体认为影响和制约创新改革的主要因素是什么？ ● 创新主体对下一步推动创新改革试验的意见建议？	● 实地调研 ● 专题分析

3. 评估依据与评估信息

（1）评估依据。中共中央办公厅、国务院办公厅《关于在部分区域系统推进全面创新改革试验的总体方案》；国务院办公厅关于推广第1批至第3批支持创新相关改革举措的通知；四川省、西安市、沈阳市系统推进全面创新改革试验方案和实施方案。

（2）评估信息。2016—2019年四川省、西安市、沈阳市全面创新改革试验情况总结报告；2016—2018年四川省、西安市、沈阳市全面创新改革试验情况年度评估报告；对四川省、西安市、沈阳市有关管理部门的面访和政策目标群体（包括企业、高校、科研院所等）的实地调研和座谈信息；2016—2019年国家统计年鉴、国家科技统计年鉴、中国区域创新能力评价报告，四川省、西安市、沈阳市统计年鉴；互联网等公开渠道获取的文献资料和数据信息等；往年的政策调研、评估监测报告等相关证据材料等。

4. 评估程序与方法

本次评估工作按照方案设计和前期准备、资料收集与组织实施、研究分析与汇总、报告撰写与成果提交4个阶段开展，综合采取试验区域自总结、专题座谈、实地调研、专家咨询等方法。

（三）评估结果及其使用

1. 评估结果

本次评估形成了各试验区域的专题评估报告和试验区域科技领域重点改革举措落实情况专题报告。评估认为，各试验区域围绕改革试验主题，在重点领域和关键环节推出了一系列具有标志性、特色鲜明的改革举措，取得了多项卓有成效的改革成果，在改革创新方面发挥了良好示范带动作用。同时，改革试验中也存在改革的协同性不强、改革试点与相关法律法规存在不协调、改革的容错和正面激励机制亟待建立健全等问题。

2. 评估结果的使用情况

评估成果报送至国务院，并反馈给试验区域和部际协调机制各成员单位，实现了评估成果的良好应用和扩散，为中央有关部门管理决策和在全国范围内复制推广改革经验提供了重要参考。

3. 经验与不足

本次评估发挥了"以评促改""以评促建"的作用，为在全国范围内复制推广试验区域成熟改革举措、研究出台新一轮全面创新改革试验政策文件提供了重要决策支撑。由于全面创新改革试验涉及经济、科技、教育等诸多领域,涵盖市场公平竞争、知识产权、科技成果转化、金融创新、人才培养和激励等多个方面,内容十分丰富、政策性强、覆盖面广,评估难度和复杂度较高,需要充分发挥评估的持续跟踪和监测反馈机制作用,广泛听取政策受众和利益相关方的意见,形成更加科学、客观、公正和准确的判断。

二、2019年河南省科技奖励工作后评估[①]

(一)评估基本情况

1. 评估背景和目的

按照《河南省深化科技奖励制度改革方案》(豫政办〔2019〕32号)(以下简称河南改革方案)的要求,组织开展2019年度科技奖励后评估工作。通过开展后评估,建立第三方监督机制和信息反馈机制,形成科技奖励工作周期的闭环,提升科技奖励工作质量,提高科技奖励的公信力和社会影响力,更好地服务于科技创新和经济社会发展。

2. 评估时间

2020年9月至12月。

3. 评估参与方

委托者:河南省科学技术厅。

评估者:河南省生产力促进中心/河南省科技咨询评估中心(现河南省科技创新促进中心)。

---

① 本案例编写人员:张辉、项勇。

（二）评估开展情况

1. 评估组织实施方式

通过政府购买服务方式确定第三方评估机构。在独立评估基础上，构建由 2019 年河南省科技奖励组织机构、评审机构及评审专家等有关方面参加的参与式评估模式。

2. 评估内容

评估的重点：检查科技奖励工作的具体实施情况，验证科技奖励工作是否达到预期目标和效果，测评科技奖励工作的社会影响和可持续能力。总结科技奖励工作的成绩和经验，诊断科技奖励工作中存在的不足及成因，提出改进建议。

评估指标体系：由目标定位、奖种设置、组织实施、评审监督、奖励效果等 5 个一级指标及 14 个二级指标、22 个三级指标构成（表 24）。

表 24　2019 年河南省奖励工作后评估指标体系

一级指标	二级指标	三级指标
1. 目标定位	1.1 激励导向目标	1.1.1 科技奖励的激励导向性
	1.2 凝聚人才目标	1.2.1 科技奖励的凝聚人才性
2. 奖种设置	2.1 奖励种类	2.1.1 奖种设置合理性
	2.2 奖励结构	2.2.1 奖励结构合理性
	2.3 奖金标准	2.3.1 奖金标准合理性
3. 组织实施	3.1 工作机制	3.1.1 组织结构合理性
		3.1.2 提名机制科学性
		3.1.3 质量管理体系完善性
	3.2 评审机制	3.2.1 专业组网络评审
		3.2.2 行业组会议评审
		3.2.3 评委会会议评审

(续表)

一级指标	二级指标	三级指标
3. 组织实施	3.3 异议处理	3.3.1 异议处理机制完善性
		3.3.2 异议处理及时有效性
4. 评审监督	4.1 监督机制建设	4.1.1 监督机制完善性
	4.2 内部监督	4.2.1 内部监督有效性
	4.3 专门机构监督	4.3.1 专门机构监督有效性
	4.4 社会监督	4.4.1 社会监督有效性
5. 奖励效果	5.1 奖励成效	5.1.1 奖励工作示范性
		5.1.2 获奖项目代表性
	5.2 满意度	5.2.1 科技奖励结果满意度
		5.2.2 科技奖励工作公开透明度
		5.2.3 科技奖励的社会公认度

3. 评估依据与评估信息

（1）评估依据。《河南省深化科技奖励制度改革方案》（豫政办〔2019〕32号），《国家科学技术奖励绩效评价暂行办法》（财教〔2019〕228号），《2019年河南省科技奖励工作后评估服务》政府采购合同书，《2019年河南省科技奖励工作后评估工作方案》等。

（2）评估信息。2019年度河南省科学技术奖评审方案、提名工作手册，《河南省科学技术奖评审质量管理体系》，2019年度河南省科学技术奖评审工作组织实施过程中形成的相关信息资料，2019年河南省科技奖励工作满意度调查问卷，部分外省（市）科技奖励信息资料，后评估报告专家咨询论证意见等。

4. 评估程序与方法

评估程序包括证据收集、证据整理、分析评估和评估报告等环节。评估方法以定性评价为主、定量评价为辅，综合运用案卷研究、问卷调查、面访/座谈、专家咨询、数据分析等评估评价方法。

（三）评估结果及其使用

1. 评估结果

评估报告指出，2019年河南省科技奖励工作体系完备，组织规范有序，管理团队和专家团队遵章守则、高效廉洁，评审过程公平公正，获奖项目比较客观地反映了河南省科研创新水平。科技奖励发挥了积极的导向和激励作用，社会影响力大、满意度高、品牌效应彰显，省委省政府给予充分的肯定。总体评估等级为成功。

2. 评估结果的使用情况

根据2019年科技奖励后评估意见，河南省科技奖励办公室对2020年科技奖励工作进行了以下改进：① 实现了网络评审全覆盖。② 技术发明奖数量由2019年的4项提高到14项。③ 优化了奖励结构，对奖种结构、行业结构和一、二、三等奖结构分别进行限定。④ 奖励对象由"公民"改为"个人"，允许长期在华工作的外籍专家作为项目完成人被提名。⑤ 按照分类评价、突出特色的原则，以创新活力、创新质量、创新贡献为导向，进一步优化完善了奖励评价指标体系。⑥ 出台了《河南省科学技术奖提名制实施办法（试行）》，启动了《河南省科学技术奖励办法》修订工作。

3. 经验与不足

（1）评估活动的亮点和特色。本次后评估活动的功能定位为"科技奖励活动+后评估"，对科技奖励的工作投入、活动、产出、作用、影响等进行全方位、多视角评估。首先是对科技奖励活动全过程的评估，包括年度奖励工作的12个环节；其次是事后绩效评估评价，在科技奖励工作完成后的一段时间内，依据工作各环节的实际证据信息和必要的预测数据，对工作目标、执行过程、效益作用和影响等进行系统、客观地再评估；再次遵循科技奖励绩效评价的规定，向前端适当延伸"工作目标"，向末端适当延伸"效益作用和影响"（图16）。

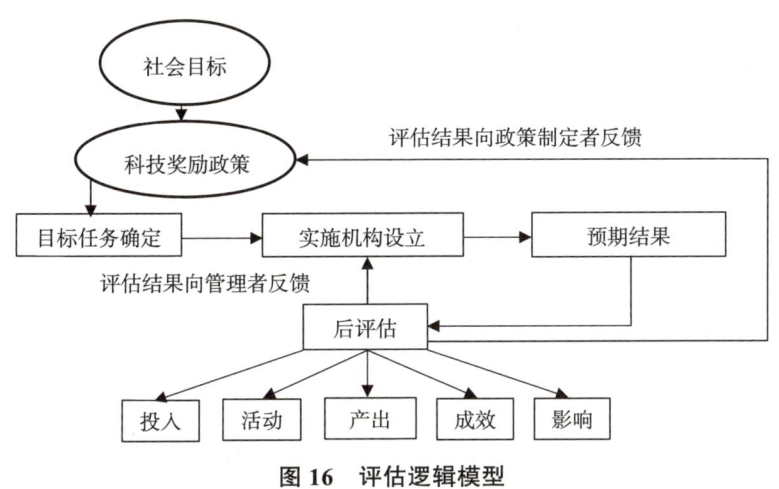

图 16　评估逻辑模型

（2）局限性和改进方向。一是科技奖励后评估机制建设还处于探索阶段，河南和国家改革方案都未明确界定科技奖励后评估的内涵，也未发布科技奖励后评估业务规范和标准。二是由于各省市经济社会情况的不同，采用"北上广深"及中部六省的科技奖励数据进行对比，简单的数据分析结论尚欠科学。

三、上海市某区科技创新发展专项资金政策绩效评价[①]

（一）评价基本情况

1. 评价背景和目的

上海市某区为有效推动科技创新能力和产业核心竞争力全面提升，进一步推动科技产业发展，加快经济发展方式转变和产业结构调整优化，设立"某区科技创新发展专项资金"，出台《关于进一步加快某区科技创新和

---

① 本案例编写人员：汤进华、黄灿华。

战略性新兴产业发展的扶持意见》，用于开展"产学研"协同创新、科技成果转化、产业集聚发展、双创生态环境建设等项目建设。本次评价的目的是客观地反映政策制定的科学性、实施管理和资金使用的规范性、政策实施的有效性，为规范政策执行管理环节、提升政策实施成效、政策到期后修订或重新制定提供依据。

2. 评价时间

2020年4月至7月。

3. 评价参与方

上海科技咨询有限公司受某区财政局委托对该区科学技术委员会主管的《关于进一步加快某区科技创新和战略性新兴产业发展的扶持意见》政策开展绩效评价。

（二）评价开展情况

1. 评价组织实施方式

评价工作主要包括政策调研、方案制定、问卷、访谈、制度核查、数据处理、报告撰写等环节。为保障评价工作客观公正，聘请了相关技术和财务专家共同参与政策调研和合规性核查。

2. 评价内容

政策绩效评价以政策历史沿革为主线，全方位评价政策制定、实施、效益情况；以政策绩效为导向，着重评价政策目标实现程度与实施效果。在政策制定上重点评价政策科学性、合理性和可操作性，在政策实施上重点评价政策执行规范性和管理效率，在政策效益上重点评价政策的预期目标实现程度及政策影响（表25）。

表 25　政策绩效评价指标体系

一级指标	二级指标	三级指标	四级指标
A 政策制定	A1 政策目标导向性	A11 产业发展目标适应性	—
		A12 部门职能适应性	—
	A2 政策前期调研情况	A21 政策调研充分性	—
		A22 政策调研有效性	—
	A3 政策要素完整性	—	
	A4 政策补贴标准科学性	—	
B 政策实施	B1 配套政策制定情况	B11 配套政策健全性	
		B12 管理职能明确性	
	B2 政策管理实施情况	B21 申报审核规范性	
		B22 评审规范性	
		B23 项目验收规范性	
		B24 监督管理有效性	
		B25 信息公开规范性	
	B3 资金管理情况	B31 预算安排科学性	
		B32 预算执行率	
		B33 资金使用规范性	
C 政策效益	C1 政策产出	C11 数量指标	C11.1 政策实施覆盖率
			C11.2 科技创新发展项目完成率
			C11.3 平台建设完成率
			C11.4 区区、区企合作完成率
			C11.5 知识产权补贴完成率
			C11.6 配套项目完成率
			C11.7 人才引进完成率
		C12 质量指标	C12.1 后补贴项目条件符合率
			C12.2 前补贴项目验收通过率

（续表）

一级指标	二级指标	三级指标	四级指标
C 政策效益	C1 政策产出	C13 时效指标	C13.1 补助事项按计划实施率
			C13.2 资金拨付及时率
	C2 政策效益	C21 经济效益	C21.1 区科技产业重点领域总产值增长率
			C21.2 区重点产业税收贡献率
			C21.3 高新技术产业增加值增长率
			C21.4 战略性新兴产业增加值占地区生产总值的比重
		C22 社会效益	C22.1 推动产学研协同创新
			C22.2 强化知识产权支撑和服务机构平台建设
			C22.3 推进产业集群发展
			C22.4 优化区域双创环境
			C22.5 促进区域创新生态体系建立和产业转型升级
	C3 政策满意度	C31 政策知晓度	—
		C32 政策实施满意度	—

3. 评价依据与评价信息

（1）评价依据。《上海市市级财政政策预算绩效管理办法（试行）》《关于进一步加快某区科技创新和战略性新兴产业发展的扶持意见》《某区科技创新发展专项资金管理办法》等。

（2）评价信息。定量信息包括该区政策相关部门工作计划和总结、近3年政策资金预算安排及历年资金实际使用数据、政策条款落实、项目实施和年度绩效目标实施完成数量、该区政策实施经济效益数据、政策实施知晓度和满意度等数据。定性信息指管理流程规范性核查，包括对于政策立项项目申报、审核、评审、项目验收规范性的结论以及财务专家对政策资金合规性核查的结论。

4. 评价程序与方法

绩效评价程序包括评价三方沟通会、访谈调研、制定绩效评价工作方案、项目管理规范性和资金使用合规性核查、出具绩效评价报告等。评价方法包括案卷研究法、比较分析法、社会调查法、因素分析法和专家咨询法。

（三）评价结果及其使用

1. 评价结果

本次政策绩效评价结果为良。该区科技创新专项资金政策制定前开展了调研分析，依据充分，政策各要素齐全。201X年该区投入X万元统筹政策中的四大板块内容共计实施某个项目，资金符合该区专项资金使用规范。政策实施具有一定经济效益，有效支撑了该区科技创新水平和战略性新兴产业集聚发展。但在政策预算资金安排、实施项目产出质量和时效等方面有待加强。由于政策即将到期，建议该政策结合该区发展重点进行修订后继续实施。

2. 评价结果的使用情况

该区财政局依据评价结果形成整改通知下发到被评单位予以整改。被评单位根据绩效评价报告提出的问题建议完成整改并着手政策修订。绩效评价结果服务于政策决策层政策修订，并为该区财政局下年度该政策资金安排提供决策依据。

3. 经验与不足

本次绩效评价开展政策管理规范性和资金使用合规性核查并深入挖掘政策实施效益，为形成评价结果及应用提供了佐证依据。但由于该政策为该区根据该区科技发展规划制定的专项政策，因而缺乏同类可比较政策进行横向分析，对于政策对比存在一定局限性。

四、山西省《科学素质纲要》实施终期情况评估[①]

（一）评估基本情况

1. 评估背景和目的

2020年《山西省全民科学素质行动计划纲要（2016—2020年）》实施进入收尾阶段，受山西省科学技术协会委托，对《山西省全民科学素质行动计划纲要实施方案》工作目标实现、组织机制保障、任务实施进展、成果辐射带动、政策受众评价等情况进行评估。

山西省全民科学素质行动计划实施以来，从工作的组织方、实施方、保障方、受益方以及社会公众等多个方面开展调研评估，从而考察行动计划目标达成情况、工作组织开展情况、工作完成情况，政策的辐射带动作用和取得的社会效益等。

2. 评估时间

2020年10月至11月。

3. 评估参与方

山西省全民科学素质纲要实施工作办公室，各市、县人民政府科学素质纲要实施工作办公室，山西省科学技术协会及各市、县科学技术协会。

（二）评估开展情况

1. 评估组织实施方式

山西省大众科技评估中心和山西省科学技术协会素质部联合组成评估组，研究建立了山西省全民科学素质行动计划评估维度，制定了评估方案。通过数据信息采集和整理分析、调查问卷及抽样评价、自我评价、专家组讨

[①] 本案例编写人员：司文、李娟。

论评估等多种形式基于客观数据实现定性分析与定量分析相结合的办法，从多种维度进行深入细致的评估。

2. 评估内容

本次评估内容为《山西省全民科学素质行动计划纲要（2006—2020年）》完成落实情况，推进全民科学素质工作的组织管理及工作机制等保障情况，各地各部门全民科学素质工作任务的落实进展、成效和影响，重要工作举措的可复制推广性和工作成果的辐射带动作用，政策受众对本地区全民科学素质工作举措及实施效果的认可和满意程度。详见图17。

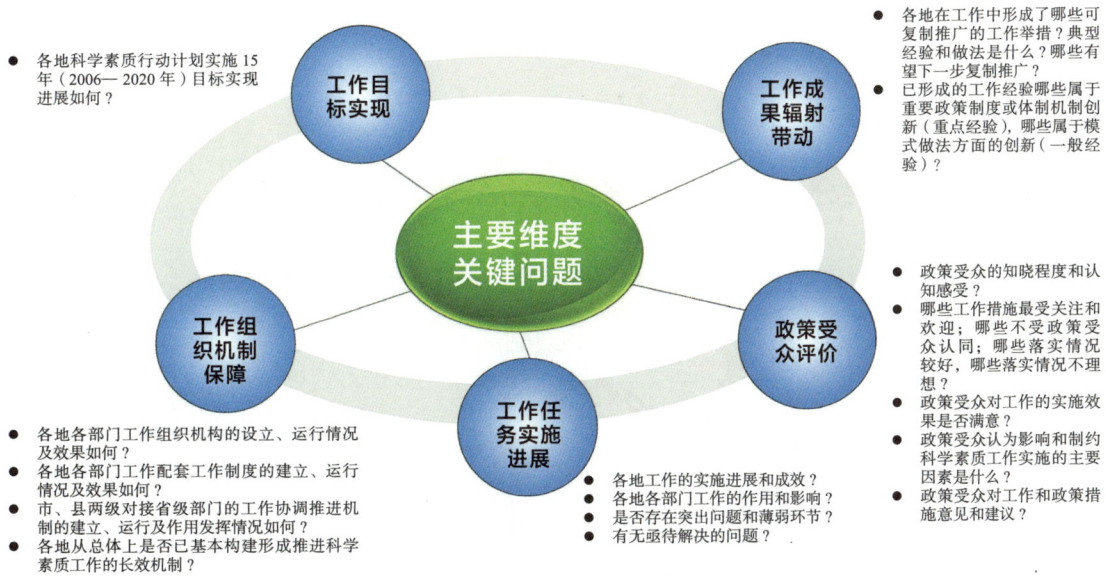

图17 评估主要维度及关键问题

3. 评估依据与评估信息

（1）评估依据。国务院《关于印发全民科学素质行动计划纲要（2006—2010—2020年）的通知》，国务院办公厅《关于印发全民科学素质行动计划纲要实施方案（2016—2020年）的通知》，山西省人民政府办公厅《关于印发山西省全民科学素质行动计划纲要实施方案（2016—2020年）的通知》，中共中央、国务院发布的《关于深化项目评审、人才评价、机构评估改革的意见》,评估合同,《山西省全民科学素质提升行动实施效果评价方案》等。

(2)评估信息。统计数据、座谈研讨的记录,工作档案数据、工作总结报告、实地调研收集的资料、专题分析的结果、专家咨询的成果等。

4. 评估程序与方法

评估工作按照方案设计、组织实施、报告撰写3个阶段开展。通过自评估、专题座谈、实地调研、案例分析、专家咨询、问卷调查、案卷研究等方式收集证据材料,采用分类评估、定性和定量相结合、评估专家与专业机构协同的评估方式,充分听取委托方、咨询专家、政府及相关管理部门、政策受众等多方面的意见与建议。在此基础上,做出综合评估。

(三)评估结果及其使用

1. 评估结果

本次评估总得分为87.5分。各维度得分情况如图18所示。

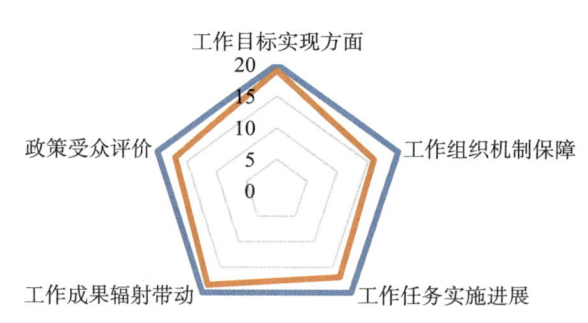

图18 评估主要维度得分情况

2. 评估结果的使用情况

根据评估结果,评估者认为《山西省全民科学素质行动计划纲要(2016—2022年)》的贯彻实施,有力提升了全民科学素质。但山西省科普工作还存在不少短板,例如,山西省各市县科普经费投入存在不均衡现象,部分地区未列支科普经费;全省科普场馆设施建设仍然落后于全国平均水平,接待水平和服务能力有待进一步提高；科普人员队伍建设还需要进一步加强等。

建议山西省科学技术协会要以全民科学素质行动计划为契机，坚持目标导向、问题导向、结果导向，持续、全面地推动相关法律法规和政策的落实，努力提升全民科学素质水平。一是进一步加强组织领导，强化全民科学素质工作协调机制；二是进一步合理布局全省科普场馆建设，进一步满足公众科普教育和学习型社会建设的需求；三是整合企业、高校、社会的力量，不断发展壮大科普人员队伍；四是充分激活市场，加强科技传播体系建设，提升改善科普供给质量。

3. 经验与不足

取得的经验：一是评估指标的"多维度"。此次评价从工作目标实现、组织机制保障、任务实施进展、成果辐射带动和政策受众评价5个方面进行考察评估，结果更加地全面和科学。二是评估调研的"多角度"。本次评估聘请了多个专业的专家，从专业角度对制度实施情况开展评估。一方面充分研究政府作为政策制定者的相关工作材料；另一方面利用调查问卷的方式，充分听取社会公众的意见和反馈，尤其是政策实施以来对公众自身的影响方面的意见。

存在的不足：方法的运用上定性偏多、定量偏少。未来的评估工作要尽量使用定量的评估数据，不能定量的，尽量明确定性评估的明细。

五、《"十三五"国家科技创新规划》实施情况总结评估[①]

（一）评估基本情况

1. 评估背景和目的

2020年是全面实现《"十三五"国家科技创新规划》发展目标、谋划中

---

① 本案例编写人员：郭琳娜。

长期科技发展战略和"十四五"科技创新规划的关键之年。开展《"十三五"国家科技创新规划》实施情况总结评估,目的是对规划确立的各项目标指标、重点任务的完成情况、实施成效进行全面总结,同时查找分析存在的问题和薄弱环节,并面向"十四五"科技创新规划编制提出意见建议。

2. 评估时间

2020年7月至12月。

3. 评估主体

本次评估由科技部战略规划司负责组织实施,委托科技部科技评估中心为评估工作提供技术支撑。由科技部战略规划司和科技部科技评估中心共同出具评估报告。

(二)评估开展情况

1. 评估组织实施方式

科技部战略规划司和科技部科技评估中心共同制定评估工作方案,按计划统筹推进相关工作。规划各项重点任务主责部门(单位)、全国各省(区、市)科技厅(委)负责开展自总结评估,委托智库机构开展专题评估。在此基础上,成立评估战略专家组提供咨询意见,形成总体评估结论。

2. 评估内容

本次评估围绕规划总体目标实现情况、标志性成果等8个方面15个关键议题(表26)和评估要点开展。经过综合分析研判,最终形成《"十三五"国家科技创新规划》总体完成情况、成效影响、主要问题和对策建议等评估结论。

表26 评估内容关键议题

评估内容	关键议题
总体目标实现	● "十三五"科技创新目标指标能否按期实现? ● 规划战略地位与作用,总体任务部署,国家创新体系建设情况如何?

（续表）

评估内容	关键议题
标志性成果	● 国家科技重大专项、科技创新2030——重大项目、国家重点研发计划在重大理论创新、核心技术突破方面产生了哪些重大标志性成果？ ● 相关成果在支撑引领产业发展、打赢三大攻坚战、全面建成小康社会和创新型国家方面产生了哪些效果与影响？
原始创新能力	● 基础研究的布局与组织模式是否符合科研规律？ ● 科技创新基地与人才专项如何统筹规划？如何推进国家实验室的建设进程？
科技治理能力	● 科技体制改革取得了哪些进展？成效如何？ ● 科技体制改革面临哪些困境？如何解决？
创新发展空间	● 自主创新示范区、高新技术开发区、全面创新改革试验区等创新高地的进展与成效如何？ ● 如何通过合作有效推进科技协同创新？
科技创新生态	● 科技创新作风学风建设、科普和创新文化建设的进展与成效如何？ ● 创新生态建设面临哪些突出问题？如何应对？
新形势与应对	● 科技创新战略如何适应世界竞争新格局？ ● 科技创新如何支撑新时代高质量发展？
组织实施机制	● 如何建立规划实施的责任落实机制和动态调整机制？

3. 评估依据与评估信息

《"十三五"国家科技创新规划》（国发〔2016〕43号），《国家科技重大专项（民口）"十三五"发展规划》等重点领域32个科技创新专项规划；31个省（区、市）及计划单列市等科技创新规划总结材料，《"十三五"国家科技创新规划》实施情况年度监测和中期评估报告，《国家中长期科学与技术发展规划纲要（2006—2020年）》实施情况总结评估报告，重大专项、国家重点研发计划等重大科技计划实施中期和绩效评估报告，"十三五"时期为落实规划出台的相关措施、意见和政策文件等。

4. 评估程序与方法

评估工作分为方案设计、资料收集与组织实施、专家咨询与综合分析、报告撰写与成果提交4个阶段。运用了材料分析、专题评估、部门工作调查、专家咨询等方法。

（三）评估结果及其使用

1. 评估结果

评估形成了《"十三五"国家科技创新规划》实施情况总结评估报告1份、《"十三五"国家科技创新成就》集1册、专题评估报告3份、部门调查报告10份。评估结论是，规划确立的总体目标基本顺利实现，大部分发展指标已经提前完成或者预计能够如期完成，我国基本实现迈进创新型国家行列的目标。

2. 评估结果的使用情况

通过实施《"十三五"国家科技创新规划》总结评估，全面掌握了"十三五"时期我国科技事业发展总体成效和经验，深入剖析规划实施的重大问题和难点堵点，为制定"十四五"国家科技创新规划提出评估建议。

评估结论提供国务院新闻办，为召开"'十三五'时期我国科技创新进展情况新闻发布会"提供素材。评估报告报送国家发改委，为同步开展的《国民经济和社会发展第十三个五年规划纲要》总结评估，提供重要素材。

3. 经验与不足

《"十三五"国家科技创新规划》总结评估下设多个评估环节，包括32个科技创新专项规划总结、全国31个地方科技创新规划总结评估、若干专题评估、部门工作调查、总体评估等，动员有关部门（单位）、地方、智库、战略专家、科技界的全面参与，达到了充分广泛听取意见、充分凝聚共识的作用。

由于时间条件所限，评估获得的证据多为相关单位报送的材料，在搜集一手的调查研究素材方面尚需进一步加强。

六、国家自然科学基金年度绩效评价[①]

（一）评估基本情况

1. 评估背景和目的

为满足中央财政预算绩效管理要求，2014—2021 年，科技部科技评估中心作为第三方机构持续开展国家自然科学基金（以下简称"自然科学基金"）年度绩效评价。以 2021 年度绩效评价为例，目的是实事求是反映自然科学基金的实施绩效，并切实发挥绩效评价在支持自然科学基金决策、优化项目管理、改进服务方式等方面的作用，促进自然科学基金的改革和发展，不断提高财政资金使用效益。

2. 评估时间

2021 年 4 月至 2022 年 4 月。

3. 评估主体

受国家自然科学基金委员会（以下简称"自然科学基金委"）的委托，科技部科技评估中心以 2021 年度面上项目、青年科学基金项目、地区科学基金项目、国家杰出青年科学基金项目、重点项目和基础科学中心项目 6 个项目类型的全部在研及结题项目整体作为评价对象，全面梳理了解自然科学基金实施绩效。

（二）评估开展情况

1. 评估组织实施方式

本次评估成立了由自然科学基金委主任担任组长的绩效管理领导小组，专门设立绩效管理办公室负责组织推进相关工作，委内各局（室）、科学部

[①] 本案例编写人员：张玉娇、陈光。

和中心参与和支持,为绩效评价的顺利完成提供了重要保障。科技部科技评估中心和绩效管理办公室联合组成绩效调研组,结合现有项目管理流程和管理机制,充分利用已有信息,辅以实地调研和抽样评价等措施,调动广大科研人员、依托单位等积极参与,建立常态化、高效率的自然科学基金绩效评价工作机制。

2. 评估内容

2021年度绩效评价以财政部发布的《项目支出绩效管理办法》中项目支出绩效评价指标体系框架为基础,从决策、过程、产出、效益4个方面对自然科学基金进行评价(表27)。自然科学基金6类项目实施效益个性指标详见表28。

表27 自然科学基金6类项目的通用评价指标

一级指标	二级指标	三级指标	评价要点
决策	项目立项	立项依据充分性	设立项目的政策依据是否充分 项目的必要性和可行性是否完全具备
		项目立项规范性	项目立项程序及制度是否完备 项目指南制订过程是否科学合理[1] 项目评审要点是否明确、公正 项目立项的总体决策过程是否符合相关规定
	绩效目标	绩效目标合理性	项目年度绩效目标是否符合国家宏观发展目标 项目年度绩效目标是否符合自然科学基金委的战略使命 项目预期产出和效果是否符合我国基础研究的发展水平
		绩效指标明确性	绩效目标是否细化分解为绩效指标 绩效指标是否清晰、细化和可衡量 绩效指标是否与项目年度任务相对应 绩效指标值是否依据相关标准设定
	资金投入	预算编制科学性	项目预算编制参考依据是否明确 项目预算编制过程是否科学
		资金分配合理性	项目资金分配原则是否公平公正 项目资金分配方式是否科学合理

（续表）

一级指标	二级指标	三级指标	评价要点
过程	资金管理	资金到位率	经费拨付项目承担单位的到位率
		预算执行率	项目预算经费支出是否符合预期 项目预算经费执行和调整是否符合科研活动特点
		资金使用合规性	项目资金管理制度是否得到有效监督
	组织实施	管理制度健全性	项目管理制度的完备程度 项目管理制度的合法合规性
		制度执行有效性	是否按管理规定进行项目受理和评审 是否按管理规定开展项目实施过程管理 项目管理主体职责履行情况 [2] 对依托单位在项目实施中的管理职责是否明确要求 项目管理手续、项目文档等是否完备并及时归档
产出	产出数量	实际完成率	项目资助计划完成情况 项目结题完成情况 [1] 项目科研工作和科学成果完成情况
	产出质量	质量达标率	当年中期检查项目的优良率 [3] 当年结题项目的质量达标率（抽样评价）
	产出时效	完成及时率	按期完成申请和立项的情况 项目按期结题率
	产出成本	成本节约率	项目经费管理体现成本节约 年度评审与管理实际成本及与计划成本的比率
效益	项目效益	可持续影响	项目产生的长期、可持续影响
		服务对象满意度	当年项目申请人的满意度 当年项目评审专家的满意度

注：[1] 基础科学中心项目不需考察该要点；

[2] 仅基础科学中心项目需考察该要点；

[3] 仅国家杰出青年科学基金项目、重点项目和基础科学中心项目需考察该要点。

表 28　自然科学基金 6 类项目实施效益个性指标

项目类型	效益指标	评价要点
面上项目	学科全面发展	面上项目学科覆盖率 面上项目提升学科竞争力（典型案例）
	人才成长与培养	面上项目对稳定我国基础研究队伍和培养人才的作用
	支撑引领发展	面上项目产出创新性科研成果情况 面上项目在经济、社会发展和生态建设中发挥源头创新作用
青年科学基金项目	促进青年科研队伍结构合理化	青年基金项目资助规模情况 青年基金项目负责人职称、年龄分布和性别结构
	提高青年科研人员能力的作用	促进青年科研人员成长情况
	促进学科全面布局	青年基金项目的学科分布
地区科学基金项目	稳定欠发达地区的基础研究队伍	地区基金项目资助规模 地区基金项目负责人职称、年龄分布 地区基金项目参加人员结构
	支撑引领地方发展	地区基金项目在经济、社会发展和生态建设中发挥源头创新作用
国家杰出青年科学基金项目	培养优秀学术带头人	杰青项目资助规模情况 杰青项目负责人职称、年龄分布和性别结构 吸引海外人才情况
	提高青年科技人才开展自主研究能力	促进青年科技人员成长情况 组建领域研究团队情况 开展自主创新研究的典型案例
	促进学科发展和影响力提升	杰青项目资助带动学科发展情况 杰青项目所在领域学术影响力提升情况
重点项目	促进学科发展	重点项目学科分布和促进学科影响力提升情况 重点项目面向科学前沿取得代表性成果情况（典型案例）
	提升基础研究水平与能力	重点项目对各领域基础研究能力提升的作用与贡献 重点项目在经济、社会发展和生态建设中发挥源头创新作用（典型案例）
	开展国际合作与交流	重点项目开展国际交流情况 重点项目开展国际合作情况

(续表)

项目类型	效益指标	评价要点
基础科学中心项目	提升原始创新能力	基础科学中心项目取得国际领先水平的原创成果情况 基础科学中心项目形成具有重要国际影响的学术高地情况（典型案例）
	发挥吸引和凝聚优秀科技人才作用	基础科学中心项目人才团队的学术水平和影响力 基础科学中心项目人才团队职称、年龄分布和性别结构
	促进学科交叉融合	基础科学中心项目组织和布局情况 基础科学中心项目促进学科交叉融合情况（典型案例）

3. 评估依据与评估信息

（1）评估依据。《中共中央、国务院关于全面实施预算绩效管理的意见》《项目支出绩效评价管理办法》《中央财政科技计划（专项、基金等）绩效评估规范（试行）》《国家自然科学基金条例》等。

（2）评估信息。自然科学基金委历年年度统计和年度报告，200家左右依托单位自评价报告，20家左右依托单位实地调研简报，从互联网等公开渠道获取的文献资料和数据信息等，往年的评价报告、证据报告等相关证据材料等。

4. 评估程序与方法

2021年度自然科学基金绩效评价工作包括设计与启动、绩效监测与调研、撰写绩效报告和绩效评价报告三个阶段。自然科学基金2021年度绩效评价方法与证据采集情况见图19。

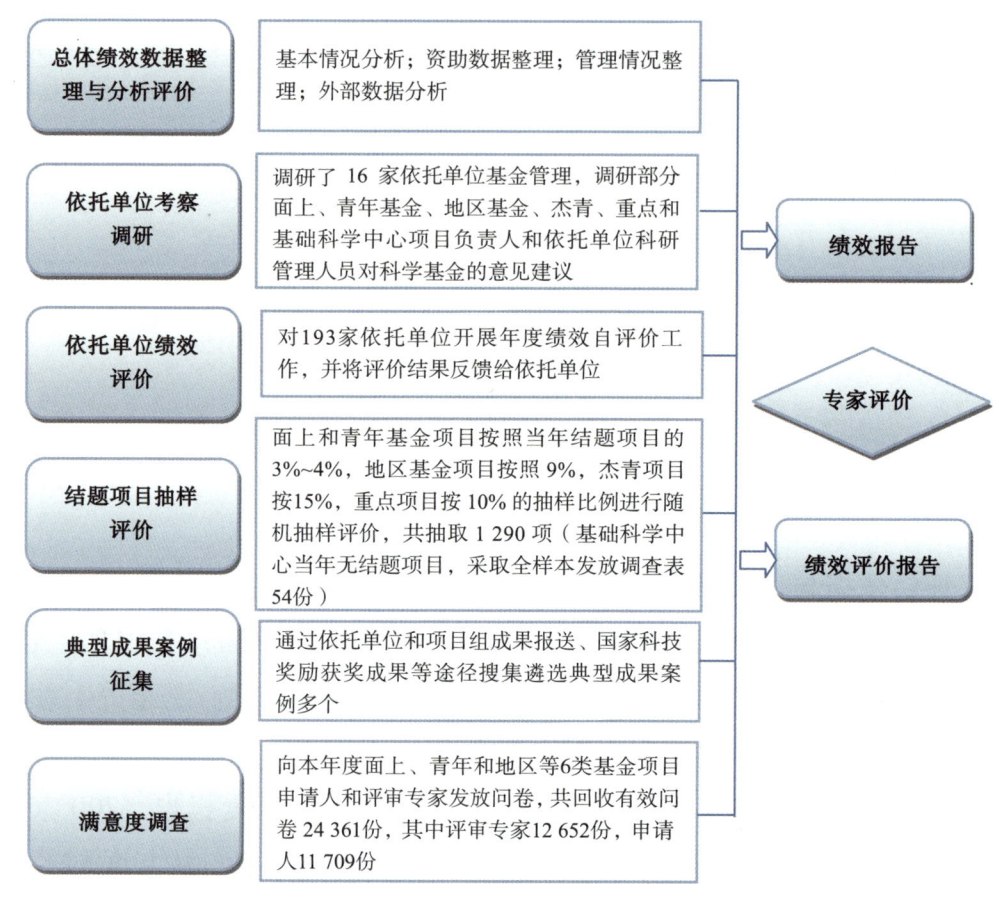

图 19　自然科学基金 2021 年度绩效评价方法与证据采集情况

（三）评估结果及其使用

1. 评估结果

本次评估形成了绩效评价报告、专题报告，以及一系列证据支撑报告。评估认为，2021 年，自然科学基金委全面落实党中央、国务院重大决策部署，持续深入推进科学基金系统性改革，按计划有序组织开展各类项目的资助与管理活动，顺利完成全年资助工作与既定年度绩效目标，为促进我国基础研究高质量发展提供了有力支撑。并在优化项目资助与管理，扩大国际合作与交流等方面形成了若干经验做法。同时，也存在对青年人员资助力度不足、重大科学问题的凝炼机制不够完善、结题项目绩效后评估机制普遍缺失等问题。

2. 评估结果的使用情况

评估结果向自然科学基金委委务会进行汇报，并提交财政部，同时绩效评价报告在自然科学基金委官网面向全社会公开发布。科学基金年度绩效评价结果不仅是中央财政对自然科学基金委进行下一年度预算调整和拨款的依据，也是自然科学基金委持续深化改革的重要参考依据之一。

3. 经验与不足

项目组不断完善符合自然科学基金绩效特点的评价方法，通过使用"共性指标＋个性指标""小同行＋大同行"组合的方式，在基础研究成效与项目支出预算绩效结合方面进行了有益探索，目前已形成了12类科学基金项目绩效评价指标体系。但由于基础研究具有周期长、不确定性大等特点，为更符合科研规律，绩效评价方式方法仍需要深入研究，评价指标也需要持续改进。

七、国家重点研发计划重点专项绩效评估[①]

（一）评估基本情况

1. 评估背景和目的

国家重点研发计划2015年启动的6个试点专项和2016年优先启动的36个重点专项，于2020年实施期满。为准确掌握国家重点研发计划重点专项实施进展，客观评价科技计划管理改革落实情况，并提出重点专项实施管理的建议，科技部对2020年实施期满的42个重点专项开展绩效评估。

---

① 本案例编写人员：郭琳娜。

2. 评估时间

2019年3月至2020年6月。

3. 评估主体

评估工作采取机构负责制，由科技部资源配置与管理司委托科技部科技评估中心牵头，会同科技部经费监管服务中心和科技部风险开发事业中心共同承担评估任务，对出具的评估报告负责。

（二）评估开展情况

1. 评估组织实施方式

评估工作由科技部领导牵头，成立了由科技部资管司、监督司、高新司、社发司、农村司、基础司的司局级领导同志组成的领导小组，由资管司、评估中心相关负责同志组成的工作协调组。

科技部科技评估中心牵头，会同科技部经费监管服务中心和科技部风险开发事业中心共同承担42个重点专项的评估工作。评估中心作为牵头组织实施单位，负责评估方案制定、组织协调和推进、质量控制、总报告编制等工作；评估中心、监管中心、风险中心按照任务分工分别负责各项重点专项的评估任务。3家评估机构分别成立各重点专项评估专家组和工作组。每个评估组均由科技专家（半数以上）、评估专家、管理和财务专家等组成。

2. 评估内容

根据《国家重点研发计划管理暂行办法》（国科发资〔2017〕152号）以及支撑管理决策的实际需要，评估组从战略部署、组织管理、效果影响3个角度对各重点专项进行评估，提出了17个评估要点（表29），根据评估分析提出各重点专项管理和未来任务部署等方面的建议。

表 29 重点专项绩效评估内容

评估角度	评估要点
专项部署	1. 专项目标与国家重点研发计划战略定位的相符性 2. 专项的重点研究内容与国家重大需求、亟须解决的重大科学问题、核心关键技术等的相关性 3. 专项科研任务布局、经费人员等资源投入的合理性,以及与其他专项的衔接和协调情况 4. 专项目标任务对未来五年发展趋势和需求的适应性
组织管理	1. 专项实施对解决科技计划重复分散、资源配置"碎片化"等问题,统筹优化财政科技资源配置的有效性 2. "全链条创新设计、一体化组织实施"思路在专项的体现情况和合理性 3. "一个平台、三根支柱"决策管理架构在专项的落实情况和科学性 4. 专项实施对全面加强绩效管理、优化科研管理、提升科研绩效、"三评"改革、资金管理和使用、为科研人员减负等政策的落实情况 5. 改革后的管理流程在专项的执行情况和规范性 6. 专项采取新的组织管理模式和实施机制,出现了哪些新的情况和问题
效果影响	1. 专项目标和指标的(预期)完成情况和实现程度,以及项目综合绩效评价整体情况 2. 专项产出重大科技成果的创新性和先进性 3. 专项的实施在支持原始创新、解决关键技术和卡脖子问题等方面的作用 4. 专项的实施对相关领域科学、技术进步和科技创新整体水平提升的引领带动作用 5. 专项成果的转化应用对促进经济、社会、生态、文化发展的作用和影响 6. 专项的实施对促进企业成为创新主体、产学研协同创新方面的作用 7. 专项的实施在人才培养、学科发展、研发平台建设等创新能力提升方面的作用和影响

3. 评估依据与评估信息

国家相关规划、政策和管理办法,重点专项实施方案和年度项目申报指南,国家重点研发计划 2016 年、2017 年和 2018 年年度报告,项目管理专业机构提交的 42 个重点专项绩效报告,项目管理专业机构管理制度,项目中期检查报告,来自国家科技管理信息服务平台系统的立项数据统计分析结果,问卷调查和电话访谈结果,调研座谈活动中搜集到的信息,评估专家咨询意见,相关领域公开发布的研究报告等。

4. 评估程序与方法

评估机构有序组织开展了项目管理专业机构自评价、数据资料采集分析、调研与座谈、咨询研讨、编制专项报告、征求意见、编制总报告、全过程质量控制等方面工作。

（三）评估结果及其使用

1. 评估结果

本次评估形成了《国家重点研发计划重点专项绩效评估总报告》1份、重点专项绩效评估报告42份和工作简报3份。评估结论是，重点专项总体符合研发计划战略定位，与国家需求相关性较强，成功建立国家科技计划管理新模式，大部分重点专项任务布局基本合理、进展顺利，典型成果成功转化并形成明确的经济社会效益，形成了一批重大标志性成果。

2. 评估结果的使用情况

本次评估是国家重点研发计划设立以来的第一次重点专项绩效评估。通过评估，全面掌握了重点专项实施进展与成效、了解了科技计划管理改革落实情况与成效，并提出了"十四五"接续部署重点专项和优化组织管理的建议。

评估报告有效支撑科技部决策管理。对重点专项任务布局、方案落实、成果成效、重要性、市场化程度等的评估结论，为"十四五"时期如何设立一系列新的重点专项提供决策支撑。对研发计划组织管理的评估建议，为进一步深化科技计划管理改革、探索新的管理举措提供了参考。

3. 经验与不足

评估工作体现程序规范。评估工作方案经过部领导批准后，由委托者正式下发通知启动工作。方案在全周期得到严格执行，各相关单位按要求先后完成自评价、案卷研究、调研座谈、专项评估、征求意见、综合评价等工作，并由评估中心全过程开展质量控制。

评估工作体现广泛参与。动员了3家专业评估机构、459名专家（其中院士 46 名)、百余名评估工作人员共同实施。评估过程中,注重征求各方意见建议,专门设计了面向部门、项目管理专业机构、项目管理单位、评审专家、科研人员的调研。

八、英国创新领军人才奖学金项目国际联合评估[①]

(一)评估基本情况

1. 评估背景和目的

"创新领军人才奖学金"(Leaders in Innovation Fellowships,LIF)是"牛顿基金"框架下的国际创新人才培养类计划,旨在 17 个发展中国家范围内选拔优秀科研人员、初创企业家赴英参加创新创业研修,并推动创新成果的落地转化。为总结 LIF 计划实施以来的成果成效,发现计划实施过程中存在的问题,评估中心与英国 Technopolis 公司对 LIF 计划在华实施情况进行了联合评估。

2. 评估时间

2021 年 11 月至 2022 年 9 月。

3. 评估主体

本次评估的委托者为英国皇家工程院(RAE),由科技部科技评估中心和英国 Technopolis 公司合作实施。评估对象为在中国区域实施的 LIF 计划(LIF 计划在中国地区也被称"中英创新领军人才联合培养项目")。

(二)评估开展情况

1. 评估组织实施方式

此次评估活动由 Technopolis 公司负责研制评估方案、评估框架和指标

---

① 本案例编写人员:孟繁超、迟婧茹。

体系，以及提供参与 LIF 计划的有关人员名单，科技评估中心负责评估工作的具体实施。

2. 评估内容

本次评估结合 LIF 计划的目标和任务等，基于变革理论设计了评估逻辑模型（图 20）。

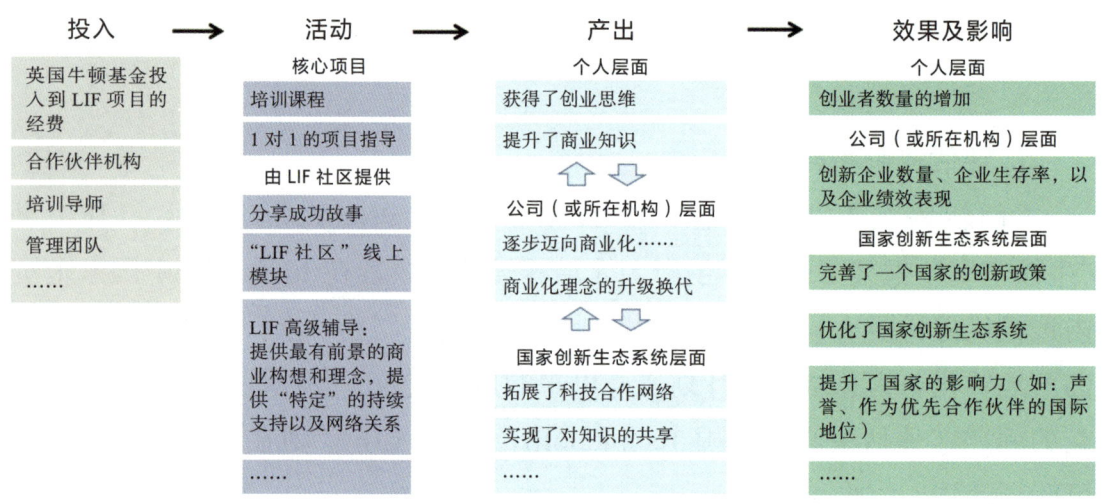

图 20　LIF 计划评估逻辑模型

信息来源于 Technopolis 公司提供的评估手册

在评估逻辑模型的基础上，进一步建立了评估框架（表 30），包括目标和定位、组织与管理、成果与成效、问题与挑战 4 项评估内容，涉及 9 个关键问题以及 10 项评估要点。

表 30　评估框架

评估视角	关键评估问题	评估内容	评估方法
目标与定位	1. 是否帮助参与者加强应对社会和经济挑战的商业化创新能力建设 2. 为实现联合国可持续目标（SDGs）作出什么贡献	1. 参与者对 LIF 计划满意度等 2. 相较于其他培训计划，LIF 计划的独特性 3. 参与者为实现联合国可持续发展目标作出的贡献	文献计量 问卷调查 案例研究 座谈访谈

（续表）

评估视角	关键评估问题	评估内容	评估方法
组织与管理	1. LIF 计划在运行管理方面有什么特点 2. 各利益相关方在 LIF 计划管理实施中是否发挥了应有的作用	1. 组织模式和评审方式；资助方式及资助范围；课程设置及培训内容等 2. 各利益相关方的职责分工，发挥的作用及满意度	问卷调查 案例研究 座谈访谈
成果与成效	1. LIF 计划有哪些主要产出 2. LIF 计划实施以来，对参与者、公司（或所在机构）和国家创新生态体系带来什么影响 3. 与其他类似计划相比，LIF 计划在实施规模、合作地区、资助范围、产生效果等方面有哪些不同	1. LIF 参与者获得的最重要技能、收获 2. LIF 计划如何改变参与者对产品、服务，以及客户的思考方式 3. LIF 计划对参与者所在机构开展合作和建立网络关系产生的影响	问卷调查 案例研究 座谈访谈
问题与挑战	1. LIF 计划还存在哪些问题和障碍 2. 应如何优化 LIF 计划	1. LIF 计划存在的问题障碍 2. 改进或完善的意见与建议	问卷调查 座谈访谈

3. 评估依据与评估信息

本评估根据合作协议，依照 Technopolis 公司提供的评估手册和实施方案，开展评估工作。评估信息主要来源于问卷调查、新闻报道及文献资料等，此外还包括通过座谈面访获得的观点等定性信息。

4. 评估程序与方法

本评估使用的方法包括案卷研究、调研问卷、座谈访谈等。首先，评估组面向不同类型的利益相关方设计了 3 套调研问卷，并组织召开了座谈会，听取了各利益相关方的意见和建议。其次，在完成座谈访谈后，根据 Technopolis 公司提供的模板形成调研报告。最后，在完成全部座谈会后，选择最具代表性的参与者，将其参与 LIF 计划的整个过程和收益、观点形成完整的案例报告。

（三）评估结果及其使用

1. 评估结果

本项目通过对入选 LIF 计划的中方参与者、LIF 计划参与者同事，以及 LIF 计划利益相关方（"牛顿基金"管理人员）开展座谈、访谈，形成了座谈会总结报告（1 份）、访谈报告（3 份）、案例报告（1 份）等一系列评估成果。

2. 评估结果的使用情况

评估中心在完成全部评估活动后，向委托方递交了评估成果。对 LIF 计划的全球评估工作仍在进行，委托方尚未公布全部评估结论以及对评估结果的使用情况。

然而，通过参与此次国际联合评估工作，中方评估人员不但深入了解了英国面向国际科研人员的成果转化培训体系，以及此类培训计划的运行管理机制和特点，还加深了评估人员对我国创新创业人才培训的思考。在此基础上，中方评估人员撰写了政策建议并上报有关部门，为促进中英科技创新人才合作提供了决策支撑。

3. 经验与不足

本次评估采用国际联合评估的方式进行，学习了国际评估同行的最新评估方法，锻炼了中方评估人员与总体组的交流沟通能力，也学习了外国创新创业培训项目的经验与特点。不足之处在于，本次评估始终未能与 LIF 计划国内合作机构相关负责人取得联系（LIF 计划已经与国内合作机构停止合作，且相关负责人已离职），最初设计的 4 场座谈面访活动只完成了 3 场，可能会影响到本次活动部分评估信息的完整性。此外，受疫情影响，座谈面访活动均是通过线上视频会议的方式展开，可能会对评估人员与受访者间的充分沟通交流带来一定影响。

九、广东省重点领域研发计划重大/重点项目评估[①]

（一）评估基本情况

1. 评估背景和目的

为加快解决广东产业发展"缺芯少核"和核心技术、关键零部件、重大装备受制于人的瓶颈问题，将"大国重器"牢牢掌握在自己手中，广东在新一轮省级科技计划管理体系改革中设立"省重点领域研发计划"。该计划面向经济、社会、产业、区域发展重大需求，组织实施一批关键核心技术攻关项目，力争突破一批核心技术、关键零部件和重大装备，取得一批产业带动性强、技术自主可控的重大原创性科技成果，对制约广东主要产业发展的关键核心问题予以提炼整合、集中部署，对重大领域的重大技术系统、重大工程、重大装备等进行系统化、全链条组织部署重大专项项目，对受制于人的"卡脖子"核心技术、元器件、关键零部件、装备和主要依赖进口的部件装备等组织部署重点专项项目攻关。适应科技计划管理体系改革的新形势、新要求，同时创新项目形成机制，采用主动组织、对接国家、"揭榜"制、并行资助等方式；完善项目管理机制，按照科研活动规律改进项目评审与管理方式、方法。

2. 评估时间

自2018年新一轮省级科技计划管理体系改革启动实施以来，已经建立项目储备库制度，将集中申报和个案受理相结合，常年受理入库申请、分批次滚动组织评审。

3. 评估参与方

广东省重点领域研发计划评估委托方是广东省科学技术厅，具体组织方

[①] 本案例编写人员：罗军、莎薇。

是广东省技术经济研究发展中心，参与方包括科技部科技评估中心、工业信息化部电子第五研究所、国家知识产权局专利审查协作广东中心。评估对象为广东省重点领域研发计划重大/重点专项申报项目。

（二）评估开展情况

1. 评估组织实施方式

为进一步确保省重点领域研发计划落地落实，实实在在解决重点领域"卡脖子"关键核心技术问题，按照新形势下项目管理要求，广东省技术经济研究发展中心配合支撑广东省科学技术厅进一步改革完善专项项目遴选流程，探索实践多角度、多层次、高质量项目评审评议方式，确保项目遴选质量。在评审工作中，积极探索、创新评估组织实施方式，将以往单一角度的项目技术和财务评审调整为项目技术、财务、技术就绪度评价、知识产权评议、先进性评估等多种评审评议方式相结合，从多角度、多层次并且更加充分、客观地反映申报项目的质量和水平。

2. 评估内容

立项评审工作联动多个专业机构实施，其中，由广东省技术经济研究发展中心开展项目技术、财务以及预算评审，由科技部科技评估中心开展项目技术先进性评价工作，由工信部电子第五研究所开展项目技术就绪度评价，由国家知识产权局专利审查协作广东中心开展项目知识产权评议。

3. 评估依据与评估信息

《广东省人民政府关于印发广东省重点领域研发计划实施方案的通知》（粤府〔2018〕84号）、《广东省重点领域研发计划管理工作规程（试行）》（粤科资字〔2019〕255号）等相关文件规定、评审评议工作方案，同时参考以往批次省重点领域研发计划重大/重点专项项目评审评议实施做法。

4. 评估程序与方法

经过5年来的摸索和实践，广东省重点领域研发计划重大/重点专项项目评审评议一般包括网络评审、答辩评审、技术就绪度评价、知识产权评议以及技术先进性评估等环节或阶段。在评审评议专家构成上，逐步优化领域专家结构，已经由省内专家为主调整为面向全国范围优选高层次领域专家。在评审专家遴选流程优化上，建立完善了"双盲、随机、不接触"的专家抽取方式，杜绝抽取阶段的人工接触和评前专家信息泄露。在评价流程及信息化保障上，专家及其他相关机构根据项目情况独立完成评分评价并提交至省阳光政务平台，由省阳光政务平台自动统计相关方评分及意见，计算形成项目综合性评价结果。

（三）评估结果及其使用

1. 评估结果

评估结果由技术评审分数／意见、知识产权评议分数／意见、技术就绪度评价等级、技术先进性情况等按一定权重系数综合构成，以作为项目立项决策重要参考。

2. 评估结果的使用情况

广东省重点领域研发计划重大／重点专项评审结果成为管理部门项目决策的重要参考依据，为有效支撑广东省关键核心技术攻关发挥重要作用。广东省在立项过程中探索实践的多角度、多层次、高质量项目评审评议方式，进一步深化了对科技计划项目评估规律的认识，提高了科技计划项目评估科学性、准确性和可信性，为全国深入推进"三评"改革、优化科技计划项目形成机制探索了新路径、积累了新经验。

3. 经验与不足

尽管广东省在评审上进行了深度探索，取得一定进展和影响力，但仍然存在一些地方需要进一步深入研究和探索，主要表现在3个方面：一是进一步梳理细化评审相关部门不同层面的责任清单，清晰政府权责边界、各层级部门间的权力划分责任，建立完善基于责任清单制的重大科技项目评审制度。二是进一步完善专家遴选制度，有效整合不同系统评审专家库资源，储备一批交叉学科、综合学科和新领域学科的高层次专家。三是进一步探索项目综合性评价方法及评价结果在项目管理全链条中的有效融通应用，充分利用好项目决策阶段的各方评价意见。

十、中央级科研事业单位绩效评价（试点）工作[①]

（一）评估基本情况

1. 评估背景和目的

为深入贯彻习近平总书记在2018年、2021年两院院士大会和中国科协全国代表大会关于"改革和完善科技评价制度"重要讲话精神，落实《关于深化项目评审、人才评价、机构评估改革的意见》"完善科研机构评估制度"以及《关于扩大高校和科研院所科研相关自主权的若干意见》"对科研院所实行中长期绩效管理和评价考核"的具体要求，对部分中央级科研事业单位"十三五"期间科研绩效开展5年周期的中长期评价试点，旨在完善科技体制改革政策链条，引导科研事业单位坚持"四个面向"和国家使命导向，提升科技创新能力，支撑和服务高水平科技自立自强。

2. 评估时间

此项工作为持续性工作，2018—2019年开展调研与顶层设计，2020年试点探索，2021年选择部分类型扩大试点范围。

3. 评估主体

此项工作由科技部、财政部、人力资源和社会保障部牵头，评估工作具体委托科技部评估中心会同财政部预算评审中心、中国人事科学研究院、国家科技风险开发事业中心4家第三方机构共同组织开展。评估对象2019年为3家、2020年为12家、2021年为26家。

---

① 本案例编写人员：范云涛、刘霞。

(二)评估开展情况

1. 评估组织实施方式

工作推进组由牵头部门相关司局负责同志,以及第三方机构、试点单位主管部门相关负责同志组成,负责组织实施中重大事项决策和评估报告审核。专家委员会由高层次管理专家、领域专家、企业家组成,参与综合评价工作,就综合评价报告提出咨询建议。工作推进组委托科技部科技评估中心、财政部预算评审中心、中国人事科学研究院以及国家科技风险开发事业中心具体承担评价任务,采用实地调研、专家同行评议、问卷调查等方式,对参评单位开展综合评价。

2. 评估内容

以国科发创〔2017〕330号文规定的评价指标体系为基本框架,依据党中央、国务院关于扩大科研院所科研相关自主权、破除"四唯"不良倾向、科技成果评价等最新指示精神,构建了3个一级指标,8个二级指标以及若干三级指标要点(略)的评价指标框架(表31)。参评单位可根据实际需要在每个二级指标下修改或完善三级指标。

表31 科研事业单位绩效评价指标框架

一级指标	二级指标	指标性质
职责定位	职责相符性	共性指标
	需求一致性	
	管理规范性	
科技产出	绩效完成情况	个性指标
	绩效完成效率	共性指标
创新效益	创新能力	个性指标
	创新环境	共性指标
	创新贡献	个性指标

3. 评估依据与评估信息

以近年来党中央、国务院及部门发布的科技体制改革、科技评价相关的改革政策为基本依据，包括《中央级科研事业单位绩效评价暂行办法》《关于深化项目评审、人才评价、机构评估改革的意见》《关于扩大高校和科研院所科研相关自主权的若干意见》以及各年度中央级科研事业单位绩效评价试点实施方案。同时，中央编办、主管部门发布的"三定"方案、法人证书等文件，国家中长期科技发展规划、"十三五"国家科技创新规划、试点单位所属行业"十三五"发展规划等也是本次评价的重要依据。各年度中央级科研事业单位绩效评价实施方案、工作手册是本次评价的操作和程序依据。

评估信息主要来源于参评单位的自评价报告、主管部门评价报告、公开科技统计数据、行业主管部门年度报告以及相关巡视、纪检、审计部门提供的意见等。

4. 评估程序与方法

一是科研事业单位确定绩效目标指标。科研事业单位根据本单位"三定"方案、章程等文件规定的职责定位，结合"十三五"相关发展规划，会同主管部门共同确定本单位绩效目标和指标。

二是科研事业单位开展自评价。科研事业单位根据本单位自评价工作计划、实施方案，对照科技部政体司备案的绩效目标和指标，开展"十三五"绩效自评价。在自评价过程中，应广泛听取科研人员、管理人员的意见建议，在此基础上，形成自评价报告。

三是主管部门开展部门评价。主管部门根据工作需要，制定本部门评价工作计划、实施方案，自行组织或委托评估机构在核实科研事业单位自评价报告的基础上开展部门评价，形成部门评价报告。

四是牵头部门组织开展综合评价。牵头部门委托第三方机构，在科研事业单位自评价、主管部门评价的基础上开展综合评价。综合评价环节综合采用了现场调研、问卷调查、专家评议、案卷研究等方法，形成综合评价报告。

具体评估程序和方法见图 21。

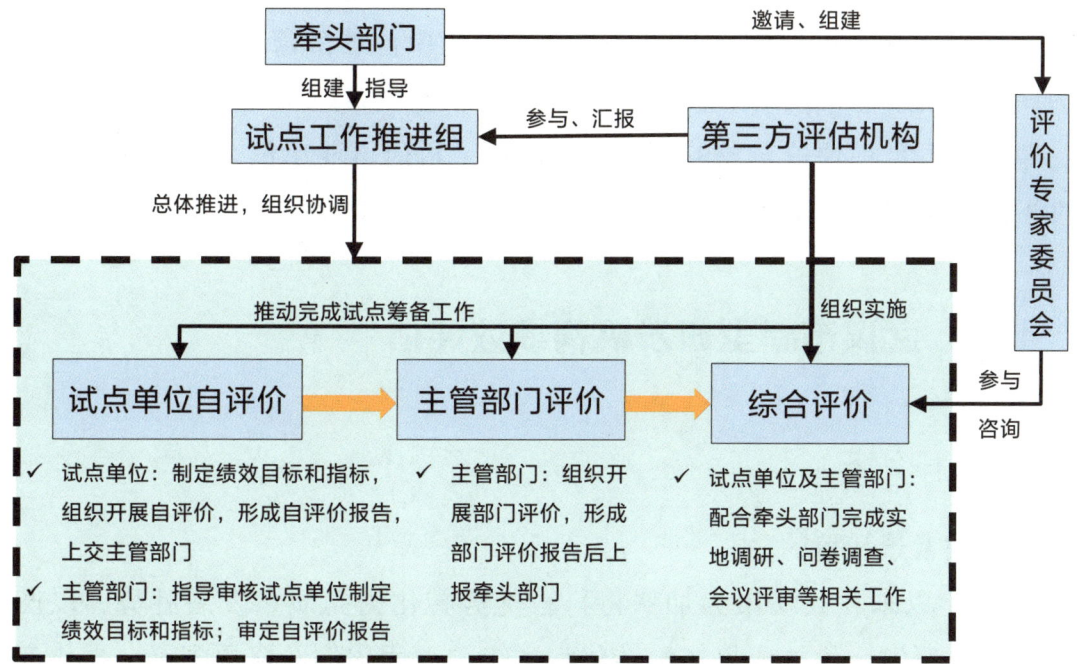

图 21　中央级科研事业单位绩效评价（试点）评估程序与方法

（三）评估结果及其使用

1. 评估结果

根据国科发创〔2017〕330 号文及各年度绩效评价实施方案规定，综合评价结果分优秀、良好、一般、较差 4 个档次。目前各主管部门推荐的试点单位在系统内均为成绩较为突出的单位，因此综合评价结果主要集中在优秀和良好 2 个档次。

2. 评估结果的使用情况

综合部门将评价结果作为科研、财政、人事、工资等管理工作的参考依据；主管部门在科研事业单位领导人员调整、任期目标考核、学科方向调整、条件平台建设、绩效激励等工作中，将强化评价结果应用。

3. 经验与不足

取得的经验：探索形成了规范可行的评价工作机制与流程，初步建立起评价与管理紧密衔接机制，有效提升科研事业单位绩效管理的意识和水平，有力助推科研事业单位改革整体工作进一步深化。

存在的不足：评价对象的覆盖度还不高、科研事业单位及其主管部门积极性不高、结果尚未得到充分利用、信息化手段支撑还有待提升等。

十一、武汉市新型研发机构绩效评估[①]

（一）评估基本情况

1. 评估背景和目的

2012年以来，武汉市为加快将科教优势转化为高质量发展胜势，以产业共性技术研发、科技成果转移转化为主线，以优化创新资源配置、强化产业技术供给为目标，陆续组建了一批投资主体多元化、管理制度现代化、运行机制市场化、用人机制灵活化的新型研发机构——武汉市工业技术研究院（以下简称"工研院"）。为加强武汉工研院动态管理，研究探索可复制可推广的新型研发机构建设发展新模式，武汉市科技局决定开展武汉工研院绩效评估。

2. 评估时间

2019年11月至2020年5月。

3. 评估参与方

评估委托者为武汉市科技局，评估者为武汉市科技发展促进中心（武汉科技咨询评估中心），评估对象为由市、区共同支持建设且运行满3年的13家工研院。

---

① 本案例编写人员：王景秋、定明龙。

（二）评估开展情况

1. 评估组织实施方式

本次评估任务由武汉市科技局提出评估需求，局创新平台处协调配合，武汉市科技发展促进中心独立完成。中心以评估评价部为主体成立工作专班，负责评估方案设计、评估活动组织实施及评估报告撰写等工作。

2. 评估内容

评估内容涵盖基础设施和人才、研发能力、成果转化与技术服务、企业孵化等方面，包括 5 个一级指标和 19 个二级指标，其中"省级以上科技创新平台""PCT 申请量""重大科技创新成果数量""自有基金规模"4 个指标是加分指标（表 32）。

表 32 武汉工业技术研究院绩效评估指标体系

一级指标	二级指标
基础条件	1. 研发场所面积
	2. 仪器设备原值
	3. 高端人才数量
	4. 人才引进和培养平台
研发能力	1. 研发人员投入强度
	2. 研发经费支出
	3. 国内有效发明专利拥有量
	4. 纵向项目数量
成果转化与技术服务	1. 成果转化数量
	2. 自有技术成果转化收入
	3. 他人技术成果转化收入
	4. 技术服务收入

(续表)

一级指标	二级指标
企业孵化	1. 孵化企业数量
	2. 孵化企业质量
	3. 孵化企业获得资本投入
加分指标	1. 省级以上科技创新平台
	2. PCT 申请量
	3. 重大科技创新成果数量
	4. 自有基金规模

3. 评估程序与方法

此次绩效评估坚持"客观、公正、科学"的原则，以公开发布的统计数据、各工研院提交的资料、评估工作专班现场考察案例等基础信息为依据，采用全面调查、科学分析、定量评价为主的方法开展。评估流程见图22。

（1）评估设计阶段。根据武汉工研院主要功能定位，设计《武汉市工业技术研究院绩效评估申报书》（以下简称《绩效评估申报书》）和绩效评估指标体系，制定武汉市工业技术研究院绩效评估方案。

（2）信息采集阶段。首先采用案卷调查法，对接各工研院提交《绩效评估申报书》，对照其附件证明材料，核查填报数据真实性和准确性，制作统计分析底表。

在案卷调查基础上，实地调研13家工研院，与工研院负责人及部分研发、成果转化人员交流座谈，核实相关信息，调查了解工研院在科学研究、技术创新、研发服务、科技成果转移转化和企业孵化等方面的进展成效与问题困难。

对于实地调研中发现存在较明显问题的工研院，走访其管理机构、主管

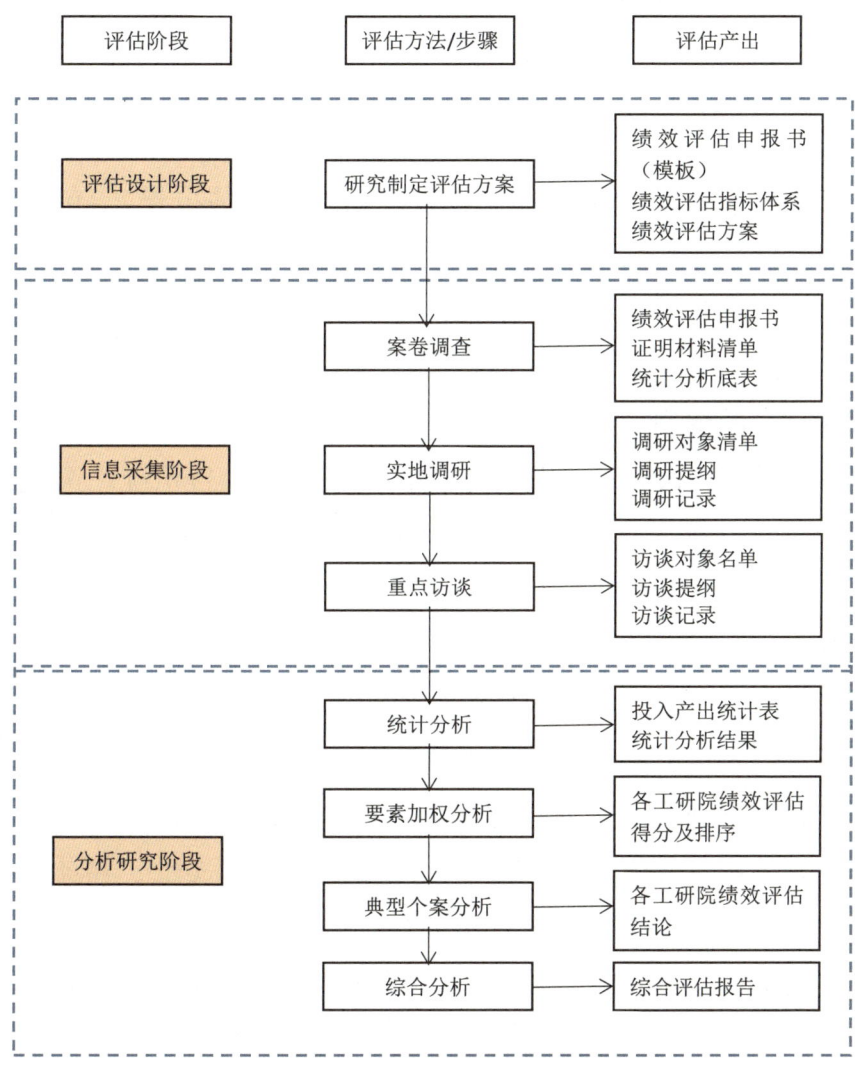

图 22　武汉市工业技术研究院绩效评估流程

部门及一线员工，有针对性地挖掘、分析产生问题的根源。

（3）分析研究阶段。采用统计分析方法和要素加权分析方法，分析工研院投入产出情况，根据绩效评估指标体系和权重计算各工研院绩效得分，形成绩效排名。采取个案分析和综合分析相结合的方法，分析研究武汉工研院个体绩效和整体绩效，总结武汉工研院建设中的经验和问题，形成绩效评估报告。

（三）评估结果及其使用

1. 评估结果

评估成果为《2019年武汉市工业技术研究院评估报告》，包括评估活动说明、工研院概况和评估结论3部分内容。在评估结论中，列出了各工研院绩效得分和排序，总结了工研院取得的成效和经验，分析归纳了武汉工研院发展模式及共性特点，提出了加快发展新型研发机构的相关建议。

2. 评估结果的使用情况

评估结果为武汉市科技局精准掌握武汉工研院运行情况、改进武汉工研院运行管理提供了重要支撑。其中的典型经验和对策建议呈送武汉市政府，为创建武汉产业创新发展研究院提供了借鉴参考。

3. 经验与不足

经验主要有两点。一是立足定位，结合实际，评价指标科学合理。厘清武汉工研院发展定位，结合先进城市新型研发机构调研情况和武汉工研院实际情况，设计科学合理的评估指标体系。二是数据可信，定量为主，评估结果客观公正。采用多种方式对比查验所采集数据的真实性，在此基础上进行统计分析及赋权计算，确保数据真实可靠，结果客观公正。

新型研发机构发展模式不尽相同，在科学研究、技术创新和研发服务等方面各有侧重。今后在评估工作中需有针对性地进行分类评价，突出创新质量和贡献，并注重发挥用户评价的作用。

十二、2021年度浙江省省级产业创新服务综合体绩效评价工作[①]

（一）评估基本情况

1. 评估背景和目的

浙江省深入实施创新驱动发展战略，为提升块状经济和现代产业集群产业链现代化水平提供全链条服务，着力解决为中小企业提供创新服务的痛点、堵点，高质量推进省级产业创新服务综合体建设，助力打造高水平创新型省份，并对综合体实施年度绩效评价，以实现优胜劣汰动态管理。

综合体是以产业创新公共服务平台为基础，坚持政府引导、企业主体，高校、科研院所、行业协会以及专业机构参与，聚焦新动能培育和传统动能修复，集聚各类创新资源，为广大中小企业创新发展提供全链条服务的新型载体。截至目前，浙江省共建设了四批138家省级综合体，服务于传统块状经济、现代产业集群、现代服务业和农林牧渔4类产业。

2. 评估时间

2022年6月至11月。

3. 评估参与方

受浙江省科技厅委托，浙江省科技评估和成果转化中心对综合体实施年度绩效评价。

（二）评估开展情况

1. 评估组织实施方式

评价机构独立实施评价，组织专家和人员通过数据分析、实地考察等方

---

① 本案例编写人员：尤施施、毛雪峰。

式按照方案组织实施。同时为各地提供综合体建设互学互鉴的平台，实行交叉评价，邀请各市负责综合体管理工作的人员参与，与专家、评价机构人员联合组成评价组，开展全覆盖实地考察。

2. 评估内容

评价内容突出综合体"创新"和"服务"两大功能，主要评价"体制机制创新、创新能力指数、服务能力指数、产业竞争力提升、带动区域创新"5方面内容，另设"特色亮点工作"为加分项（表33）。遵循浙江块状经济产业特色，实行分类评价，按照传统块状经济、现代产业集群、现代服务业、农林牧渔4类分别进行评价排序。

表33 浙江省省级产业创新服务综合体绩效评价指标

一级指标	二级指标	标准分
体制机制创新（15分）	政府部门协同推进、最多跑一处、数字化服务能力	5
	统一的专业化管理机构、市场化运行、可持续发展能力	5
	龙头企业带动全产业链提升	5
创新能力指数（25分）	科技创新资源集聚指数	8
	科技人才团队集聚指数	8
	关键共性技术攻关指数	9
服务能力指数（25分）	建设进度（质量）指数	8
	服务成效指数	12
	科技金融指数	5
产业竞争力提升（25分）	产业集群研发投入强度	4
	产业集群研发投入强度较上年增长	4
	产业集群全员劳动生产率	4
	产业集群全员劳动生产率较上年增长	4
	当年新增国家高新技术企业数占比	3
	综合体所在产业差异化评价	6

（续表）

一级指标	二级指标	标准分
带动区域创新 （10分）	科技创新指数	4
	当年企业研发费用加计扣除额	2
	当年该区域创新券使用额	2
	当年该区域本级财政科技拨款	1
	当年该区域本级财政科技拨款较上年增长	1
特色亮点工作	加分项，获得省级以上领导肯定性批示或者综合体建设经验在 省内外推广应用，每项2~3分，累计不超过10分	

3. 评估依据与评估信息

浙江省科技厅、财政厅研究制订的《浙江省省级产业创新服务综合体管理考核办法（试行）》《关于开展年度绩效评价的通知》等。

定量信息主要通过收集评价对象在"浙江科技大脑"线上系统填报的绩效数据、相关附件和自评报告等，数据采取承诺制，弄虚作假的一票否决，在实地考察时对部分数据进行抽查和核实；定性信息主要通过实地考察获取，实地考察不唯数据，更看工作实效，进一步聚焦管理规范性、任务完成度、工作实效性和对产业支撑等情况，评价组结合实地考察情况对定性指标进行评判。

4. 评估程序与方法

本次评估工作按照方案设计、数据采集、实地考察、分类评价、结果应用等阶段开展。按照客观公正、绩效导向、精简减负的原则，赴实地、查实情、问实效，通过排序赋分法等方法进行评价。

（三）评估结果及其使用

1. 评估结果

形成评价报告，总结省级综合体建设对集聚创新资源要素、促进新旧动能转换具有重要意义，在服务企业创新发展、助力复工复产方面发挥重要作用。主要成效包括：以"最多跑一地"为目标，集聚创新资源强化服务能力；以关键共性技术攻关为突破口，推动产业基础高级化；以补链强链延链为切入点，推进产业生态加速形成；以体制机制创新为核心，增强发展内生动力和活力；以"三服务"行动为抓手，助力企业复工复产。

2. 评估结果的使用情况

对评价结果靠前的20家综合体评定为"优"，打造标杆型综合体，在全省推广其建设工作经验，形成示范带动效应；对分类排名末10%的予以黄牌警告，开展约谈和整改工作，连续两年黄牌警告的将摘牌。

3. 经验与不足

评价亮点主要包括实行分类评价，充分考虑产业的差异性，定量评分采取排序法赋分；定性和定量相结合，不唯数据，更看工作实效，对综合体全覆盖实地考察并定性评判。

综合体建设的最终目的是促进产业发展，在指标体系设计上无法避开对产业质量的评价，造成少部分综合体受产业基础差的影响排序偏后，需进一步聚焦对综合体建设运营情况和创新服务实效的评价。

十三、长三角创新机构（高等院校、科研机构篇）百强评估[①]

（一）评估基本情况

1. 评估背景和目的

2018年11月，长三角区域一体化发展上升为国家战略。实现高水平科技自立自强，为国家发展提供战略支撑，根本在于打造世界一流创新机构，

---

① 本案例编写人员：郝莹莹、张鲁宁。

关键在于创新机构主体建设。通过深入分析专利产出情况，勾勒长三角三省一市高等院校、科研机构创新表现。致力于描绘出长三角区域创新机构发展的坐标系和晴雨表，为区域创新者画像，为示范引领者导航，建构出长三角区域创新共同体建设的路线图和服务网。

2. 评估时间

评估活动自2019年开始已经连续开展3年，2020年评估时间为6—11月。

3. 评估参与方

评估由上海科学技术政策研究所、上海技术交易所、科睿唯安、上海市教育委员会科技发展中心四家联合开展。评估对象为长三角三省一市以独立法人为单位的高等院校和科研机构。

（二）评估开展情况

1. 评估组织实施方式

基于科睿唯安数据库及"全球百强创新机构"指标体系，由上海科学技术政策研究所负责内容研究及报告撰写，上海技术交易所和上海市教育委员会科技发展中心联合组织实施；结合专家意见，综合研判解读，形成长三角区域高等院校和科研机构创新表现百强名单，并由四方联合审阅发布。

2. 评估内容

评估内容主要包括发明总量、发明质量、影响力、协同创新、全球化5个分析维度和5个指标体系（图23）。同时开展了维度、行业和地域分析。

3. 评估依据与评估信息

评估依据围绕促进长三角高等院校、科研机构的创新发展，国家层面加强战略部署，区域层面不断推进协同，各省（市）加紧推出行动计划，基本形成国家战略部署、区域协同规划、省市实践行动共同指引下的长三角高等院校、科研机构创新发展新格局。

评估数据源自德温特世界专利索引（Derwent World Patents Index™，

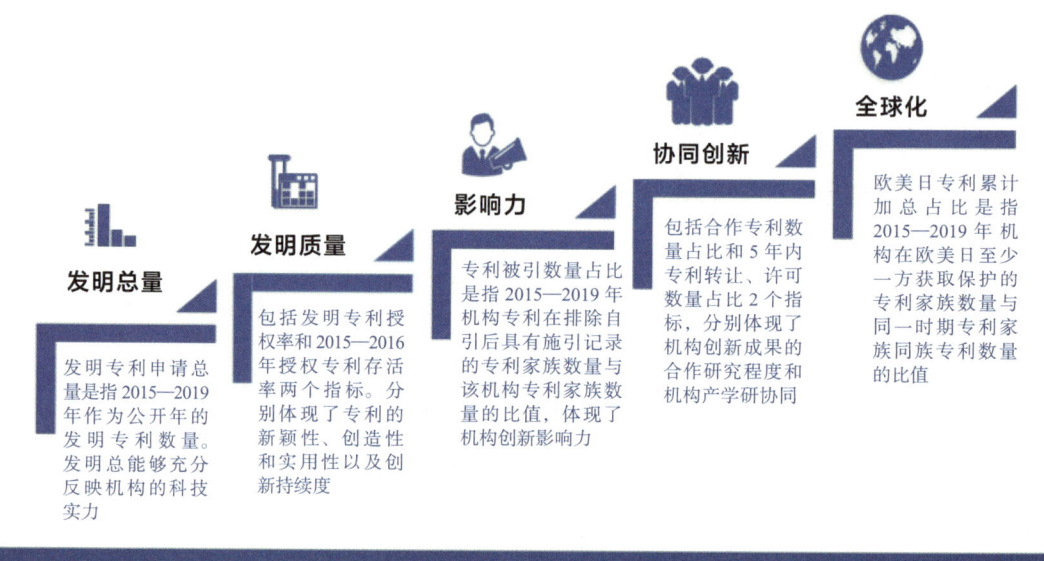

图 23　指标体系

DWPI）和德温特专利引文索引（Derwent Patents Citation Index™，DPCI）等可公开的数据库。以公开日期在 2015—2019 年的专利数据，基础专利数据达到 50 余万条，并结合专家意见进行研判分析。

4. 评估程序与方法

入选机构的确定：以独立法人为单位，单位所属基地平台或分支机构（地方分校、国家重点实验室、国家工程技术中心等）进行统一归并，形成 900 余家创新机构名单；再通过近 5 年（2015—2019 年）的专利发明总量指标，以 200 件专利发明总量为门槛值，形成 205 家机构备选名单，以此经测算确定入选名单。

数据处理：对各机构指标数据采用极值标准化法进行无量纲化处理，并延续科睿唯安评选方法，对各机构 5 个一级指标数据平均赋权打分，求和汇总，按各机构总分降序排列。在分析中，报告以每 25 家机构为一个梯级，创新机构百强共 4 个梯级，同一梯级按所属区域及机构类型分类并按分值排列。

（三）评估结果及其使用

1. 评估结果

形成《2020长三角区域创新机构发展研究报告（高校院所 科研机构篇）》（以下简称《报告》）。《报告》研究认为，创新机构发展，呈现出发明数量—创新质量—行业影响—区域协同—国际竞争的成长规律；并形成十大发现，包括长三角三省一市创新机构综合创新表现、5个分析维度具体表现、行业表现、区域及城市创新表现等方面。

2. 评估结果的使用情况

《报告》在第三届科技成果交易博览会发布（图24），取得政府与智库单位的关注，得到创新机构的参考与引用，获得中华网、科技日报、长三角之声等20余家媒体的报道与转载，并形成简报、专报等成果，取得较好社会效应。

图24 2020长三角区域创新机构发展研究报告发布

3. 经验与不足

取得的主要经验有长三角创新机构百强公共产品开发，大数据画像长三角创新机构群英谱，凸显更高质量、应用导向、协同创新、面向国际等关键词。同时，仍存在单一专利维度指标体系、机构认定及评估标准确立、数据采集与整合以及数据背后原因挖掘等局限，需要在实践中不断改进和完善。

十四、中国石油集团公司重点实验室和试验基地运行绩效评估[①]

（一）评估基本情况

1. 评估背景和目的

中国石油天然气集团公司（以下简称"集团公司"）重点实验室和试验基地是以满足支撑集团公司中长期科技发展战略需要，以提升集团公司原始创新能力、促进技术成果工程化与产业化为主要任务的创新平台，是集团公司科技创新体系的重要组成部分。集团公司自 2006 年至 2017 年底，累计投资超过 30 亿元，建成覆盖勘探开发、炼油化工、工程技术、石油装备等公司主营业务领域 47 个重点实验室与试验基地。为全面了解平台的运行发展情况，更好发挥重点实验室和试验基地的科技创新支撑作用，管理部门对已达到评估时点的重点实验室和试验基地，开展了运行绩效评估。

集团公司重点实验室和试验基地运行评估以"检查、总结、引导、促进"为主要目的。重点检查实验室和试验基地运行评估期内整体运行状况，总结运行期内取得的成绩和不足，引导和促进实验室和试验基地的良性发展与稳定运行，同时，也为管理部门提供科学决策依据。

2. 评估时间

2017 年 10 月至 2018 年 9 月。

3. 评估参与方

受集团公司科技管理部委托，中国石油科技评估中心对公司 42 家重点

---

① 本案例编写人员：付晓晴、李析。

实验室和试验基地（25家重点实验室和17家试验基地）进行评估，参与评估专家约370人次。

（二）评估开展情况

1. 评估组织实施方式

集团公司科技管理部发布评估通知，委托第三方中国石油科技评估中心对公司重点实验室和试验基地进行评估，评估主要采取线上资料审核、现场调研、对重点实验室和试验基地研发人员访谈、专家评议相结合的方式。

2. 评估内容

针对集团公司重点实验室和试验基地分别建立了运行评估指标体系，明确了每个指标的评价标准和权重（表34，表35）。

表34 公司重点实验室运行评估指标

一级指标（3个）	二级指标（20个）	分值（总分100分）
研究成果水平及贡献（50分）	1. 成果应用	15
	2. 实验方法流程	7
	3. 实验仪器装备	7
	4. 新发现	7
	5. 前瞻性	4
	6. 论文	5
	7. 发明专利	5
人才与团队（25分）	1. 实验室主任	7
	2. 学术带头人	7
	3. 高层次人才	5
	4. 团队规模	3
	5. 专业结构	3

（续表）

一级指标（3个）	二级指标（20个）	分值（总分100分）
开放交流与运行管理（25分）	1. 主办高端会议	3
	2. 担任会议主席	2
	3. 原始实验记录	5
	4. 标志性仪器	5
	5. 学术委员会	3
	6. 内部合作交流	3
	7. 依托单位支持	2
	8. 规章制度	2

表35 公司试验基地运行评估指标与权重

一级指标（3个）	二级指标（17个）	分值（总分100分）
研究成果水平及贡献（50分）	1. 成果应用	20
	2. 试验方法流程	10
	3. 试验仪器装备	7
	4. 新标准	6
	5. 发明专利	5
	6. 论文	2
人才与团队（25分）	1. 试验基地主任	7
	2. 技术带头人	7
	3. 高层次人才	5
	4. 团队规模	3
	5. 专业结构	3

(续表)

一级指标（3个）	二级指标（17个）	分值（总分100分）
开放交流与运行管理（25分）	1. 原始试验记录	7
	2. 标志性仪器	8
	3. 技术委员会	3
	4. 内部合作交流	3
	5. 依托单位支持	2
	6. 规章制度	2

3. 评估依据与评估信息

评估依据：《中国石油天然气集团有限公司重点实验室和试验基地管理办法》。

评估信息：由公司重点实验室和试验基地提供评价表格及证明材料、现场访谈资料等，其中定量的指标（如论文、专利、标准等）的数量，学术委员会召开情况等由中国石油评估中心提前审核进行打分；定性的指标（如成果应用、实验方法流程等）由专家通过现场考察、访谈等形式进行打分。

4. 评估程序与方法

公司重点实验室和试验基地第二轮运行评估主要采用多指标综合评价、现场访谈调研、同行专家评议等方法。评估工作流程见图25。

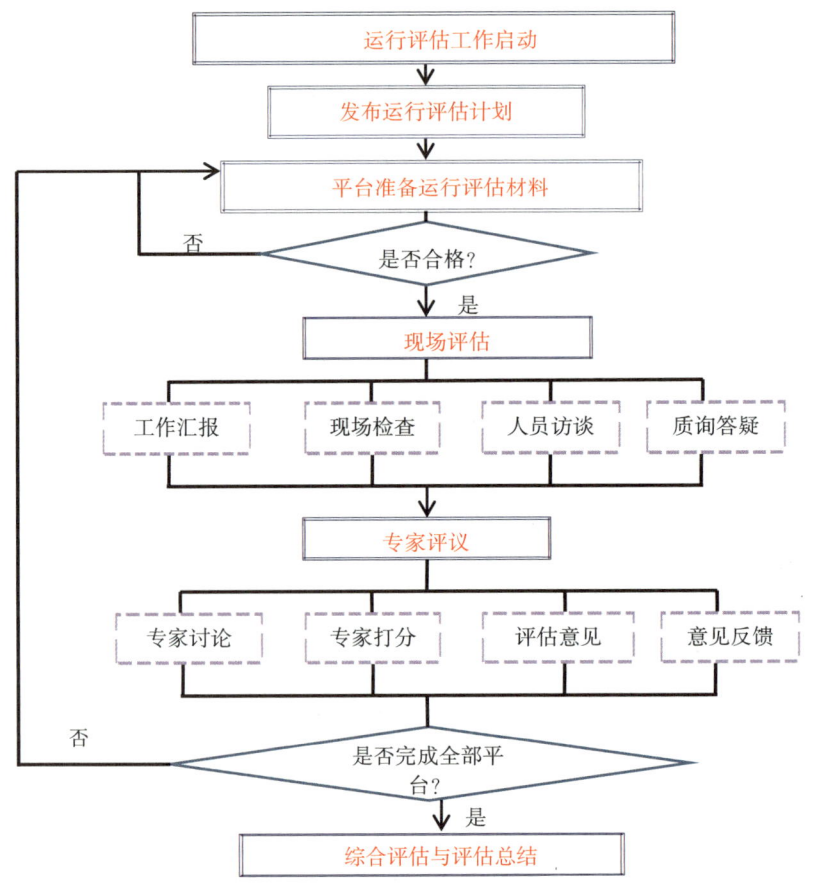

图 25　运行绩效评估工作流程

(三) 评估结果及其使用

1. 评估结果

42 家公司重点实验室和试验基地 3 年来运行良好，为公司重大科研项目研究和重大工程建设、炼化新产品开发提供了强大的技术支撑。

2. 评估结果的使用情况

集团公司科技管理部对评价成绩优秀的平台进行鼓励和表扬，在平台项目申报、运行经费支持等方面优先考虑评估成绩优秀平台；根据运行评估结果查找的相关问题（如布局不够合理、依托高校问题、没有 5 年规划和年度计划等）专门设立专题进行深化研究，形成建议方案；同时对平台管理办法进行了修订，明确平台的职责。

在评估效果与影响方面，运行评估意见对被评估平台的优势与不足都进行了评价，各平台通过评估进一步厘清定位，发现自己的不足，为下一步发展指明了方向。

3. 经验与不足

取得的主要经验：评价指标体系科学，从研究成果水平及贡献、人才与团队、开放交流与运行管理3个方面，分别设置了可量化、可考核的评分准则，改变了过去评估中仅凭专家印象进行打分，造成相互之间差距很小的问题，实现了评估能够真实、客观地反映运行情况。运行评估流程更加合理，制定了详细的评估流程、评估关注的重点、现场考核的内容、咨询提纲等，清晰地反映了运行评估要求、流程，同时结合信息技术，建立了重点实验室和试验基地信息管理系统，减轻了工作人员和承担单位的工作量，大大提高了评估效率。

存在的不足和改进方向：25家重点实验室和17家试验基地统一使用两种评估指标，不能突出个别实验室/试验基地的亮点和特色。需要针对不同业务类型的实验室/试验基地设计个性化考核指标。评估42家实验室/试验基地均组织专家到现场进行考察，历时1年的时间，该方式工作量大，效率低。需要多利用信息化的技术，采用线上审核为主，现场考察为辅的方式。选取的同行评议专家评价标准不一，定性的指标打分差异大。需要将业务类型相似的实验室和试验基地按照每项评价指标聘请多位专家进行打分。部分指标强调的是"量"而非"质"，需要对此类指标进行优化，提高研究成果的水平。

十五、国家野外科学观测研究站评估[①]

（一）评估基本情况

1. 评估背景和目的

国家野外科学观测研究站（以下简称"国家野外站"）是依据我国自然条件的地理分布规律，面向国家社会经济和科技战略布局，为科技创新与经济社会可持续发展提供基础支撑和条件保障的国家科技创新基地。

根据《关于深化中央财政科技计划（专项、基金等）管理改革的方案》（国发〔2014〕64号）和《国家科技创新基地优化整合方案》（国科发基〔2017〕250号）的要求，为满足国家战略需求，完善科研基地建设、全面提升自主创新能力，进一步优化国家野外站布局，加强国家野外站运行管理，对科技部会同有关部门遴选建设的105个国家野外站开展评估。

2. 评估时间

2018年12月至2019年5月。

3. 评估主体

委托者：科技部基础研究司。评估者：科技部科技评估中心（以下简称"评估中心"）。评估对象：105个国家野外站。

（二）评估开展情况

1. 评估组织实施方式

本次评估组建了评估工作组，研究设计了评估方案，在科技部、各主管部门、依托单位和国家野外站的配合下，通过开展自评估、材料评估、现场考察、综合评议等活动，对105个国家野外站进行了梳理评估。

[①] 本案例编写人员：高晴、董红霞。

2. 评估内容

重点围绕 5 大方面（基础条件、观测研究、人才队伍、开放共享以及运行管理）和 18 个评价要点（实验场地、条件保障、数据数量与质量、数据应用成效、承担任务、人员团队、科普服务和依托单位支撑等）开展评估。

3. 评估依据与评估信息

评估依据：《国家科技创新基地优化整合方案》（国科发基〔2017〕250号）、《国家野外科学观测研究站管理办法》（国科发基〔2018〕71号）、《科技部基础司关于对国家野外科学观测研究站建设运行情况开展梳理总结工作的通知》（国科发基〔2018〕45号）。

评估信息：105 个国家野外站运行管理总结报告和评估中心整理的总结报告材料梳理表。时间基准为 2013 年 1 月 1 日至 2017 年 12 月 31 日，以该时间范围内国家野外站开展的相关活动及成效等信息为基础。

4. 评估程序与方法

（1）评估程序：主要有制定评估方案、评估实施（包括形式审查和材料梳理、材料评估、现场考察、综合评估 4 个阶段）、出具报告及结果应用等环节（图 26）。

（2）评估方法：① 信息收集方法：自评价、实地调研；② 信息分析处理方法：统计分析法、案例分析法、专家评议法、排序法。

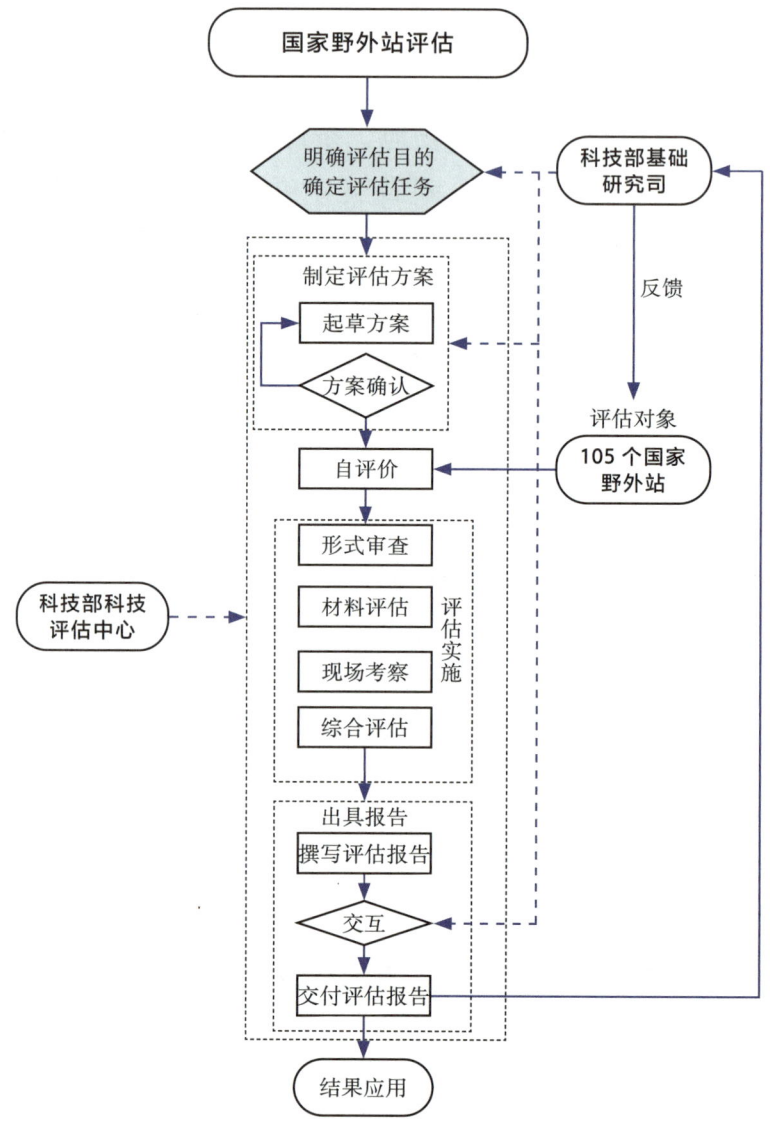

图 26 国家野外站评估工作流程

（三）评估结果及其使用

1. 评估结果

成果形式为出具评估报告；主要结论：105 个国家野外站评估结果分为优秀、良好、一般和较差 4 个档次。

2. 评估结果的使用情况

评估为优化调整国家野外站布局、科学配置资源、加强国家野外站运行管理提供了有力支撑，为国家野外站进一步完善布局提供了参考。

通过本次评估，科技部基本掌握了105家国家野外站的整体情况，根据梳理评估结果研究确定了国家野外站优化调整名单，实现了国家野外站的动态调整。另外，科技部基础司组织召开了国家野外科学观测研究站优化调整工作通气会，梳理了评估结果为一般的20个国家野外站各自存在的问题并提出了整改意见，评估结果为优秀的4个国家野外站交流介绍了各自建设经验，为评估结果为一般的国家野外站的整改和发展指明了方向，实现了评估结果的良好使用及扩散。

3. 经验与不足

亮点和特色：一是首次以专家会的形式组织开展材料评估，对国家野外站提交的材料进行了专业化梳理及评估，为现场考察和综合评估提供了有力支撑。二是评估对象数量多、涉及领域广、组织难度大，通过分组分领域评估，并结合综合评议会的方式推动评估工作有序开展。

存在的不足：缺乏对国家野外站长期评估监测数据的积累，在定量评价方面略显不足。

十六、国家国际科技合作基地评估[①]

（一）评估基本情况

1. 评估背景和目的

国家国际科技合作基地（以下简称"国合基地"）是由科技部认定，在承担国家国际科技合作任务中取得显著成绩、具有进一步发展潜力和引导示

---
① 本案例编写人员：南方、曲敖廷。

范作用的国内科技园区、科研院所、高等学校、创新型企业和科技中介等机构载体。为提升我国国合基地的质量和水平，发展"项目—人才—基地"相结合的国际科技合作模式，科技部科技评估中心开展了国合基地绩效评估工作。

2. 评估时间

评估时间为 2020 年 3 月至 2022 年 9 月。其中，第一阶段（初评）：2020 年 3 月至 2021 年 2 月；第二阶段（复评）为 2021 年 10 月至 2022 年 9 月。

3. 评估主体

本次评估的委托者为科技部国际合作司，由评估中心具体实施。评估对象为截至 2020 年已认定的 719 家国合基地，包括国际创新园、国际联合研究中心、国际技术转移中心和示范型国际科技合作基地 4 种类型。

（二）评估开展情况

1. 评估组织实施方式

本评估分两阶段实施，第一阶段对 719 家国合基地进行综合评价（初评），第二阶段对初评等级为"待复评后确定等次"的 129 家基地开展复评工作。初评阶段成立了评估监督指导组、评估总体组、领域评估组和评估小组 4 个层级；复评阶段根据被评基地数量调整，保留前 3 个层级。评估实施过程中，监督指导组负责审议评估方案，决策重大事项；评估总体组负责统筹推进评估工作；领域评估组负责各领域及其下设各小组评估工作的顺利开展；评估小组负责开展组内基地的具体评估工作。

2. 评估内容

评估基于国合基地的目标、投入、活动、产出和成效设计了评估逻辑模型。其中目标包括基地建设之初设定的目标和规划，投入主要指人、财、物等资源，活动包括国合基地组织开展的各类活动，成效包括合作成果的产出、效果与影响等。在评估逻辑模型的基础上，进一步建立了评估框架和指标池，包括 4 个一级指标和 12 个二级指标，如图 27 所示。

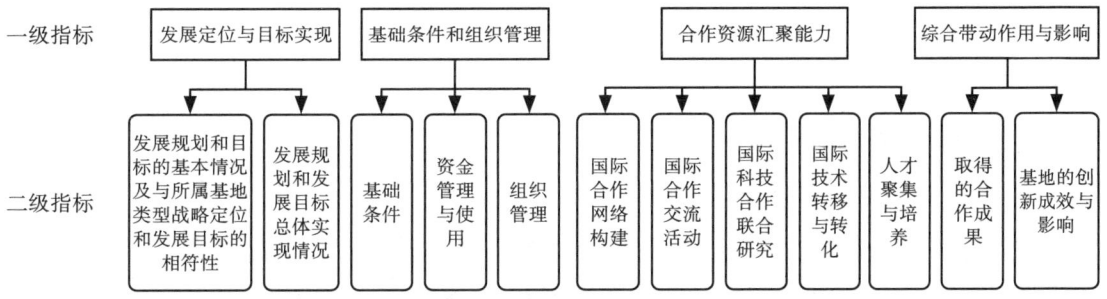

图 27　国际科技合作基地绩效评估框架和指标池

在遵循总体评估框架的基础上，考虑到不同类型国合基地的特点，以及各行业领域国合基地核心绩效的体现形式，对 4 类国合基地的评价指标体系进行分类设计，从评估指标池中选取相应的指标及考核要点，并对各指标权重进行调整，最终形成 4 类基地打分表。

3. 评估依据与评估信息

评估依据：《关于深化项目评审、人才评价、机构评估改革的意见》《国家国际科技合作基地管理办法》《国家国际科技合作基地评估办法（试行）》。

评估信息：各国合基地历年年度报告及相关佐证材料，国合基地绩效自评估报告，国合基地绩效复评材料。

4. 评估程序与方法

本次评估采取定性和定量相结合的评估方法。初评程序包括：基地年报设计与填报、评估方法设计、网络评估系统构建、评估方法培训、形式审查、专家网络函评、评估结果汇总与分析、评估报告撰写与提交等。复评程序包括：基地复评报告撰写与提交、评估方法设计、评估方法培训、形式审查、专家遴选、会议评估、评估结果汇总与分析等。

通过两个阶段的评估，实现了对国合基地发展定位与目标实现情况、基础条件和组织管理以及成果成效的综合评估。

（三）评估结果及其使用

1. 评估结果

初评结果分为"优秀""良好""合格"和"待复评后确定等次"4档；复评对"待复评后确定等次"的基地给出"合格"或"不合格"的结论。

通过评估，同时总结梳理了不同类型国合基地的特点，如联合研究中心类基地的研究水平和合作质量表现突出，但大科学计划/工程的参与度有待提升；创新园类和技术转移中心类基地，在服务于国际技术转移、支持创新创业、汇聚创新资源等方面发挥了更大作用等；且对每一个最终评估结论为"不合格"的基地出具了详细报告，指出各基地存在的问题并给出整改建议。

2. 评估结果的使用情况

评估结果直接支撑了委托方对国合基地的管理。包括：以发函形式公布了所有国合基地的评估等级，评估报告对委托方在优化国合基地布局、督促基地整改等方面提供了证据。

3. 经验与不足

主要经验：本次评估采用通用指标和个性指标相结合的方式开展，既可对所有国合基地形成可横向对比的结论，又可体现出不同类型基地的特点。在形式上采用线上线下相结合的方式，提高了评估效率。

存在的不足：受疫情影响未能对选取的基地开展实地考察。

十七、江苏省重点实验室评估[①]

（一）评估基本情况

1. 评估背景和目的

江苏省重点实验室（以下简称"实验室"）是区域科技创新体系的重要

---

① 本案例编写人员：任晓蕾。

组成部分，为加强实验室的建设运行和动态管理，提升原始创新能力，江苏省科技厅组织开展本次实验室评估。

本次评估力求通过公正、客观、独立、科学的方法，全面考察各参评实验室的运行情况。

2. 评估时间

2020年3月至8月。

3. 评估参与方

江苏省科技厅委托省科技评估中心对73家实验室（含省部共建重点实验室及培育基地4家）2017—2019年的建设和运行绩效进行了评估。

（二）评估开展情况

1. 评估组织实施方式

评估采用委托招标代理机构进行公开招标的方式，按照规定程序，择优遴选1家第三方评估机构实施评估工作。

2. 评估内容

根据江苏省重点实验室评估指标体系，对战略需求与研发能力、研究贡献与水平、团队建设与人才培养、运行管理与开放交流、科研诚信等5方面进行评估，评估指标体系分为5个一级指标、10个二级指标，重点对实验室在评估期内解决重大科学技术问题，对产业创新、民生建设、科技发展贡献程度，以及高层次人才和青年人才的引进与培养等方面进行评价。

3. 评估依据与评估信息

评估工作依据国家、江苏省发布的《关于深化项目评审、人才评价、机构评估改革的实施方案》《关于开展清理"唯论文、唯职称、唯学历、唯奖项"专项行动的通知》《关于破除科技评价中"唯论文"不良导向的若干措施（试行）》《江苏省重点实验室管理办法》《江苏省科技计划与项目评估管理暂行办法》《江苏省重点实验室评估规则（试行）》《江苏省科技计划项目信用管理办法》《2020年江苏省重点实验室评估工作方案》等。

评估信息为 73 家参评实验室提交的评估材料及补充材料。

4. 评估程序与方法

本次评估工作分为 5 个阶段：

（1）材料审核。评估机构对 73 家参评实验室提交的评估材料及补充材料进行逐一审查和核实，以实验室固定人员在评估期（2017 年 1 月 1 日至 2019 年 12 月 31 日）内获得的成果为准，并形成数据库。

（2）初评。评估机构对实验室的承担任务、团队层次和成果转化等指标进行量化评价，对不易定量评价的战略需求度、解决重大科技问题和代表性成果等指标组织省外同行专家分领域进行定性评价，二者结合确定初评结果，其中排名前 20% 左右的实验室可提出参加优秀等次的复评申请，排名后 30% 左右的实验室须参加复评。

（3）复评。评估机构对参加复评实验室进行现场考察并形成现场考察书面意见；组织专家召开复评会议，对提出申请参加优秀等次复评的实验室和排名后 30% 左右的实验室进行复评。复评会议程序为：听取实验室主任报告；审阅评估材料和现场考察意见；就相关问题进行质询；根据评估指标体系对实验室进行独立打分；形成综合评估意见。

（4）评估结果提交、公示及发布。评估机构撰写评估报告，结合专家意见提出评估结果建议，提交厅长办公会审定，通过后予以公示，公示无异议后正式向全社会发布评估结果。

（5）评估意见反馈。撰写各实验室评估分报告，并向实验室、依托单位和主管部门反馈综合评估意见。

（三）评估结果及其使用

1. 评估结果

评估结果分为"优秀""良好""合格""整改待定"与"未通过评估"5 个等次，其中"优秀"占参评总数的比例为 15% 左右，"良好"比例为 60% 左右，"合格"比例为 15% 左右，"整改待定"比例为 5% 左右，

"未通过评估"比例为5%左右。

2. 评估结果的使用情况

对评估结果"优秀"和"良好"的实验室,每年分别给予300万元、200万元的开放运行和基本科研业务费资助,相关费用从省创新能力建设专项中列支。对"整改待定"的实验室,实行1年限期整改,到期后组织专家核查整改情况,重新评定评估结果;评估结果"未通过评估"的实验室,将予以摘牌,不再列入"江苏省重点实验室"管理序列。

各实验室、依托单位和主管部门以此次评估为新的起点,认真总结,针对实验室存在的薄弱环节和评估中发现的问题,研究制定解决问题的方法和措施,不断提升原始创新能力和运行管理水平,充分发挥实验室聚焦培养优秀人才、承担重大科研任务、解决重大科学问题、产出高水平创新成果的作用,为更好支撑江苏高质量发展作出新的贡献。

3. 经验与不足

本次实验室评估围绕"三评"政策和"破四唯"的相关要求,在评估方法、评估指标体系设计以及评估流程等方面积极探索和创新,为更好落实"三评"政策和"破四维"的相关要求提供了有益的参考。

十八、县域科技创新能力监测评价工作[①]

(一)评估基本情况

1. 评估背景和目的

实施创新驱动发展战略,基础在县域、活力在县域、难点也在县域。为解决河北省县域科技创新中存在的发展不充分、不平衡等突出问题,促进县域经济加快实现创新发展、绿色发展和高质量发展,按照《国务院办公厅关

---

① 本案例编写人员:高原、张金龙。

于县域创新驱动发展的若干意见》(国办发〔2017〕43号)有关要求,2019年,河北省出台了《河北省县域科技创新跃升计划(2019—2025年)》(冀政办字〔2019〕9号)(以下简称《跃升计划》),形成了以河北省科学技术厅牵头组织的县域科技创新统计监测评价长效工作机制,每年对全省167个县(市、区)科技创新能力开展监测评价。通过评价使每个县找准定位、查短补缺、形成"比拼赶超"的发展新局面,提升全省科技创新能力。

2.评估时间

2020年2月至12月。

3.评估参与方

本次评估的委托方为河北省科技厅区域创新处,受托方为河北省科技评估中心,评估对象为河北省内167个县(市、区)。

(二)评估开展情况

1.评估组织实施方式

根据《跃升计划》规定的监测评价体系,采用定性和定量相结合、科学数据模型和专家论证相结合、"信息网络+会议"的形式组织开展评价工作。

2.评估内容

评价体系包括一级指标5项(创新投入、创新主体、创新条件、创新产出、创新管理),二级指标17项。二级指标包括反映创新实力的定量指标14项,反映创新管理的定性指标3项。定量指标满分85分,定性指标满分15分,合计满分100分(表36)。

表36　县域科技创新能力监测评价体系

一级指标	二级指标	权重分值	评分标准	数据来源
创新投入（20分）	地方财政科技支出（万元）	5分	≥10 000万元（5分） 10 000万~5 000万元（5~4分） 5 000万~1 000万元（4~3分） 1 000万元以下（3~0分）	省财政厅
	地方财政科技支出占公共财政支出的比重（%）	8分	≥2%（8分） 2%~1%（8~6分） 1%~0.5%（6~4分） 0.5%以下（4~0分）	省财政厅
	规上工业企业R&D经费支出占主营业务收入的比重（%）	7分	≥1.5%（7分） 1.5%~1%（7~6分） 1%~0.5%（6~4分） 0.5%以下（4~0分）	省统计局
创新主体（25分）	高新技术企业数量（家）	10分	≥100家（10分） 100~40家（10~8分） 40~10家（8~5分） 10家以下（5~0分）	省科技厅
	千家工商注册企业中高新技术企业数量（家）	4分	≥10家（4分） 10~5家（4~3.5分） 5~2家（3.5~2.5分） 2家以下（2.5~0分）	省科技厅 省市场监管局
	科技型中小企业数量（家）	7分	≥1 000家（7分） 1 000~500家（7~5分） 500~100家（5~2.5分） 100家以下（2.5~0分）	省科技厅
	千家工商注册企业中科技型中小企业数量（家）	4分	≥300家（4分） 300~100家（4~3.5分） 100~30家（3.5~2.5分） 30家以下（2.5~0分）	省科技厅 省市场监管局

（续表）

一级指标	二级指标	权重分值	评分标准	数据来源
创新条件（25分）	省级以上研发平台	8分	国家级重点实验室每家2分，省级每家1分 国家级工程技术研究中心（技术创新中心）每家2分，省级每家1分 国家级企业技术中心每家2分，省级每家1分 国家级临床医学研究中心每家2分，省级每家1分 省级产业研究院1分；院士工作站每家0.5分 最高不超过8分	省发展改革委 省科技厅
	省级以上创新园区、基地	6分	国家级高新区每家3分，省级每家2分 国家级农业科技园区每家2分，省级每家1分 国家级可持续发展试验区每家2分，省级每家1分 国家级特色产业基地每家1分，省级每家0.5分 国家级创新型县市区3分，省级每家2分 国家级国际科技合作基地每家2分，省级每家1分 国家级创新型乡镇0.5分，省级每家0.3分 最高不超过6分	省科技厅
	省级以上创业服务机构	6分	国家级孵化器每家2分，省级每家1分 国家级众创空间（星创天地）每家1分，省级每家0.5分 省级以上生产力促进中心每家1分 省级以上产业技术创新联盟每家1分 省级以上技术转移机构每家1分 省级以上技术市场每家1分 最高不超过6分	省科技厅
	规上工业企业建立研发机构比例（%）	5分	≥80%（5分） 80%~50%（5~4.5分） 50%~10%（4.5~3.5分） 10%~0（3.5~0分）	省统计局

(续表)

一级指标	二级指标	权重分值	评分标准	数据来源
创新产出（15分）	万人有效发明专利拥有量（件/万人）	6分	≥12件/万人（6分） 12~4件/万人（6~4.5分） 4~2件/万人（4.5~3.5分） 2件/万人以下（3.5~0分）	省市场监管局
	规上高新技术产业增加值占规上工业增加值比重（%）	6分	≥20%（6分） 20%~15%（6~4分） 15%~10%（4~2分） 10%以下（2~0分）	省统计局
	农业产业化经营率（%）	3分	≥70%（3分） 70%~60%（3~2.5分） 60%~50%（2.5~2分） 50%以下（2~0分）	省统计局
创新管理（15分）	科技管理机构情况	5分	独立行政科技管理部门（4分） 合署办公（2分） 加挂科技局牌子（1分） 成立科技创新工作领导小组（1分）	各县
	争取上级支持与奖励	5分	国家级项目每项1分，省级项目每项0.5分 国家级科技奖励每项3分，省级每项2分 国家级通报表彰每项3分，省部级每项2分，市级每项1分；其他部门行业奖励和表彰酌情得分 最多不超过5分	各县
	科技管理创新情况	5分	落实国家、省、市科技政策及制定配套的实施意见或办法情况，研究部署科技工作，组织开展科技特派员活动、科普活动、扶贫脱贫活动，科技金融、知识产权保护、京津冀协同创新等创新工作情况。以年度科技管理工作总结形式报送并提供相关佐证材料	各县

3. 评估依据与评估信息

创新投入、创新主体、创新条件、创新产出涉及数据由省直相关厅局提供法定数据和部门权威数据，涉及 5 个厅局；创新管理材料由各县根据科技厅监测评价工作通知报送"2019 年度科技创新工作总结"，涉及 167 个县（市、区）。

4. 评估程序与方法

评估工作分为制定评价方案、评价资料收集、评价数据核对和测算、专家评审 4 个阶段。

（三）评估结果及其使用

1. 评估结果

共评出 A 类县有 19 个、B 类县 63 个，C 类县 85 个。其中，由 B 类跃升为 A 类的 8 个、C 类跃升为 B 类的 28 个，有 78 个县实现位次上升、136 个县实现分数提升，有 61 个县可以获得奖励，涉及资金 1.56 亿元。

2. 评估结果的使用情况

一是评价结果以河北省政府办公厅名义印发各设区市和各县政府，形成了"一把手"抓科技创新的工作机制。

二是召开新闻发布会，并通过河北日报等媒体向社会发布评价结果，介绍先进地区经验，营造了良好的创新氛围

三是根据监测评价数据和评价结果，撰写省、市、县三级"1+11+167"科技创新能力监测评价报告，针对每个县（市、区）存在问题，提出系列工作建议。

四是根据评价结果，对创新能力实现级别跃升或在全省排名上升 10 位以上、5~10 位的县（市、区）给予专项资金奖励，用于支持县域科技创新工作。

五是选取 30 个创新能力提升较快的县对其科技管理与创新能力跃升的相关性进行了研究，形成了《科技工作推进能力对县域创新能力跃升促进作用分析》，为县级政府提升科技创新能力指明了发力方向和措施。

3. 经验与不足

评价数据采用统计部门的法定数据和业务部门的权威数据，直接由各省级管理部门提供，保证评价资料准确；评价过程透明、公开，评价结论客观真实，并配套经费支持，影响较大，作用明显。农业类数据不易取得，导致评价体系偏工业，工业基础薄弱县评价分数偏低。

十九、人工智能态势评估[①]

（一）评估基本情况

1. 评估背景和目的

按照新一代人工智能发展规划推进办公室关于《新一代人工智能发展规划》（以下简称"人工智能规划"）2020年推进实施工作的安排，开展人工智能发展态势评估。

本次评估的主要目的：一是对照人工智能规划，系统梳理人工智能战略态势，评价战略目标的实现情况，评估总体部署、重点任务、资源配置及保障措施等实施情况。二是重点评估当前我国人工智能发展的态势以及2020年目标实现情况，总结经验，发现问题，进行深入调研研讨，提出优化调整相关部署和举措的建议。三是通过评估活动调动各界广泛参与，建立人工智能态势评估的方法工具和平台，形成加快实施人工智能规划的评估工作机制。

2. 评估时间

2020年8月至12月。

3. 评估主体

本次评估的委托者是科技部战略规划司，评估者是科技部科技评估中

---

① 本案例编写人员：韩霜、艾静。

心，评估对象是我国人工智能发展态势。

（二）评估开展情况

1. 评估组织实施方式

在人工智能规划推进办公室的组织下，战略规划司牵头组织制定评估工作方案、审议评估报告，协调各部门、部内相关单位、各地方为评估提供必要的支持。各方推荐成立评估专家组，为本次评估提供咨询和评价意见。评估中心负责评估的具体实施，包括评估工作手册制定、评估指标体系构建、实施情况梳理分析、数据挖掘与可视化展示、评估报告起草等工作。

2. 评估内容

基于已有数据资料，利用评估中心建设的数据平台（https://nstep.ncste.org/scale/measurement#/），对人工智能的战略态势变化、战略目标实现、重点任务实施、资源配置等方面开展评估，提出优化调整的建议（表37）。

表37 人工智能发展态势评估的框架

评估维度	评估要点
战略态势变化	1. 人工智能科技与产业发展的新情况、新趋势 2. 国际竞争、经济发展、社会建设、不确定性带来的挑战等
战略目标实现	1. 2020年第一步战略目标实现情况 2. 人工智能核心产业规模等量化指标完成情况
重点任务实施进展成效	1. 人工智能创新体系构建方面的进展成效 2. 智能经济培育方面的进展成效 3. 智能社会建设方面的进展成效 4. 军民融合发展方面的进展成效 5. 基础设施体系构建方面的进展成效 6. 重大科技项目布局实施方面的进展成效 7. 国内重点区域人工智能发展情况

（续表）

评估维度	评估要点
资源配置情况	1. 财政引导市场主导的资金支持机制形成 2. 人工智能创新基地优化布局建设 3. 国际国内创新资源统筹 4. 促进人工智能发展的法律法规和伦理规范制定 5. 重点政策完善、技术标准和知识产权体系建立 6. 安全监管和评估体系建立 7. 劳动力培训 8. 科普活动开展
问题挑战与建议	1. 关键技术创新中的"瓶颈"问题 2. 产业竞争力提升中的突出问题 3. 促进经济社会发展中存在的困难与挑战 4. 未来发展的政策措施建议

（1）战略态势变化评估。从国际竞争、经济发展、社会建设等方面研判人工智能领域的新形势。

（2）战略目标实现评估。对人工智能理论技术进展、产业竞争力提升、发展环境优化等目标实现程度进行评估。

（3）重点任务实施评估。围绕创新体系构建、智能经济培育、智能社会建设、军民融合发展、基础设施构建、科技项目布局等重点任务，评估实施情况。

（4）资源配置评估。分析评价资金支持、创新基地优化布局、创新资源统筹等情况。

（5）问题挑战与建议。围绕关键技术创新中的"瓶颈"、产业竞争力提升中的突出问题进行深度分析，为未来发展提出建议。

3. 评估依据与评估信息

《人工智能态势评估工作方案》《人工智能态势评估工作手册》。

4. 评估程序与方法

（1）全面调查与分析。请相关部门、各地区提供推进任务部署、资源配置、进展成效等方面的情况。

（2）大数据挖掘分析。依托评估中心在建的"互联网＋和数字经济监测评估平台"，汇集整合人工智能相关的论文（20余万条）、专利（10余万条）、企业数据（国内4 100余家人工智能企业工商数据，上市公司财报数据）、政策文件、投融资等数据，对人工智能前沿技术热点与趋势、全国产业规模、国内区域发展指数等进行分析评估。

（3）重点调研与座谈访谈。对重点部门、区域及相关企业、技术和项目，开展多层次调研。

（4）专家综合评估。组织专家对人工智能发展态势进行综合评价，形成有理有据、客观公正的评估结论。

（三）评估结果及其使用

1. 评估结果

通过本次评估，形成人工智能发展态势评估报告，主要结论包括：建立了横向协同纵向联动的实施机制，构建了全方位发展新格局。平台、基地、项目、资金一体化部署，基础理论和关键技术取得重大突破；学科体系建设、多层次人才培养协同发力，构建了一体化的教育体系；智能安防、自动驾驶、智能医疗等新业态不断涌现；区域人工智能发展呈现第一梯队省市带动的四大增长极发展格局（图28）；人工智能伦理治理工作稳步推进。建议强化人工智能原始创新，加强人工智能伦理治理，培养人工智能高端人才，发挥数据要素优势，深挖人工智能应用场景、聚焦内需打造新业态。

2. 评估结果的使用情况

一是为人工智能规划推进办公室年度工作总结提供依据；二是为制定3年行动计划提供重要参考；三是形成《科技部研究报告》向国务院汇报。

3. 经验与不足

评估过程中创新性地采用了大数据分析方法，增加了评估的客观性和科学性。但由于疫情影响未开展实地调研，缺乏对典型案例的深入分析。

下篇

第二章 2019—2021年科技评估典型案例

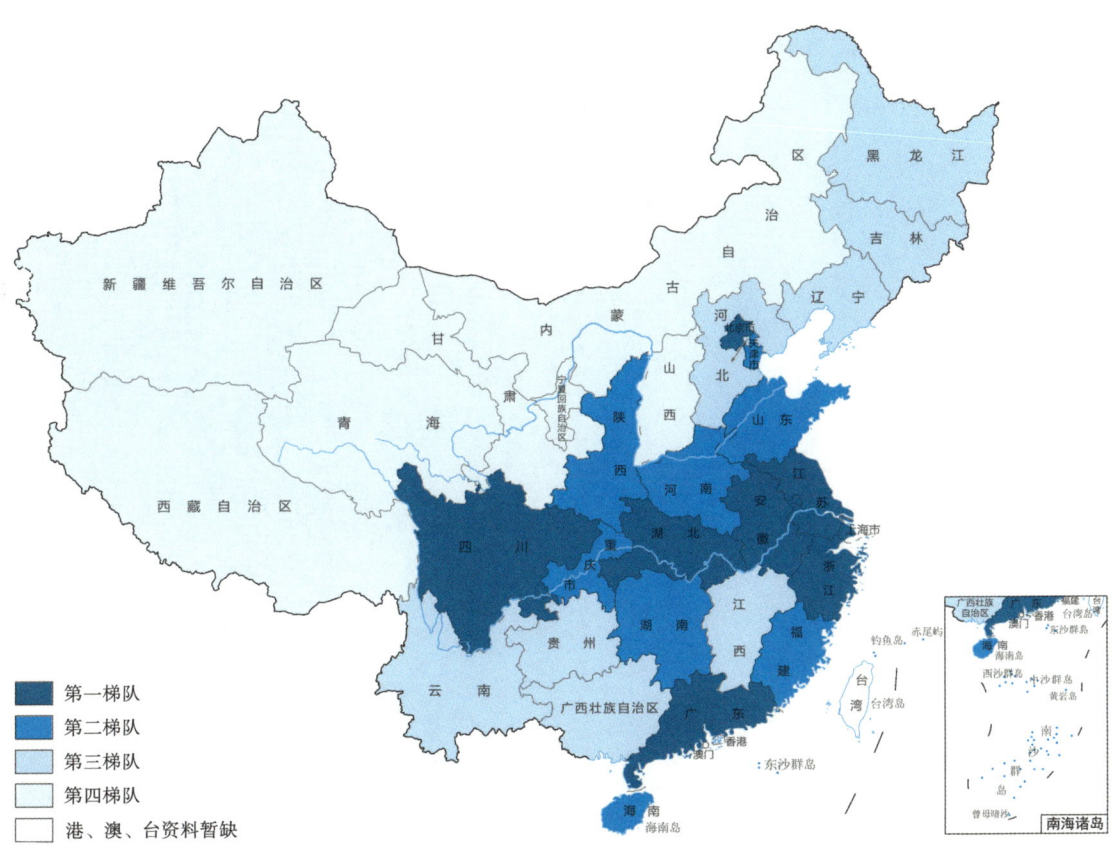

审图号：京审字（2023）G 第 2334 号

图 28　2020 年各地区人工智能发展指数

附　录

科技评估大事记[①]

1994年,原国家科委提出要用"第三只眼睛"对科技计划进行评估。

1995年,原国家科委开展"八五"期间国家科技攻关计划评估试点。

1997年2月24日,原国家科委批准依托中国科学技术促进发展研究中心组建国家科技评估中心。

2000年12月28日,科技部发布《科技评估管理暂行办法》(国科发计字〔2000〕558号)。

2001年6月,国家科技评估中心制定发布《科技评估规范》。

2001年9月,国家科技评估中心举办第一期科技评估培训班。

2003年5月15日,科技部、教育部、中国科学院、中国工程院和自然科学基金委联合印发《关于改进科学技术评价工作的决定》(国科发基字〔2003〕142号)。

2003年9月20日,科技部印发《科学技术评价办法》(试行)(国科发

[①] 编写人员:孙昕雨。

展基字〔2003〕308号）。

2004年3月23日，中央编办批复成立科技部科技评估中心。

2005年10月，科技部科技评估中心与联合国UNDP评估办公室联合举办"科技评估国际研讨会"。

2006年5月，科技部在发展计划司下设评估统计处，负责组织并提出科技评估的发展战略、理论和方法，组织制定科技评估标准及规范，指导并推动全国科技评估工作；协调开展有关科技计划、重大科技项目以及科技政策、科技发展战略的评估工作。

2007年12月29日，第十届全国人民代表大会常务委员会第三十一次会议修订通过《中华人民共和国科学技术进步法》，第一次以法律形式明确国家要建立和完善科技评价制度。

2010—2011年，国家自然科学基金委和财政部联合委托开展科学基金资助与管理绩效国际评估工作。

2016年3月14日，科技部印发《科技监督和评估体系建设工作方案》（国科发政〔2016〕79号）。

2016年4月27—28日，第一届全国科技评估机构协作发展研讨会在苏州召开，期间召开全国科技评估标准化工作组成立大会。

2016年12月11日，科技部、财政部、国家发展改革委三部门联合印发《科技评估工作规定（试行）》（国科发政〔2016〕382号）。

2017年9月22—23日，第二届全国科技评估机构协作发展研讨会在北京召开。

2018年1月30日，中共中央办公厅、国务院办公厅印发了《关于分类推进人才评价机制改革的指导意见》（中办发〔2018〕6号）。

2018年6月22日，中共中央办公厅、国务院办公厅印发《关于深化项目评审、人才评价、机构评估改革的意见》（中办发〔2018〕37号）。

2018年12月21—22日，第三届全国科技评估机构协作发展研讨会在南宁召开。

2019年3月18日，国家科技评估中心发布《中国科技评估发展报告2018》。

2019年5月6日，民政部正式准予"中国科技成果管理研究会"更名为"中国科技评估与成果管理研究会"。

2019年8月26日，国家标准化管理委员会发布《关于成立全国科技评估标准化技术委员会等14个技术委员会的公告》（2019年第9号），批复成立全国科技评估标准化技术委员会（SAC/TC 580）。

2019年12月，由科技部科技评估中心、中国科技评估与成果管理研究会联合编写的《科技评估方法与实务》出版发行。

2019年12月4日，全国科技评估标准化技术委员会成立大会暨第一次工作会议在北京召开。

2019年12月12—13日，第四届全国科技评估机构协作发展座谈研讨会在成都召开。

2019年12月17日，财政部、科技部联合印发《国家科学技术奖励绩效评价暂行办法》（财教〔2019〕228号）。

2020年2月23日，科技部、财政部联合印发《关于破除科技评价中"唯论文"不良导向的若干措施（试行）》（国科发监〔2020〕37号）。

2020年7月9日，科技部、财政部、国家发展改革委联合印发《中央财政科技计划（专项、基金等）绩效评估规范（试行）》（国科发监〔2020〕165号）。

2020年12月14—15日，第五届全国科技评估机构协作发展座谈研讨会暨科技评估标准化培训班在北京召开。

2021年5月21日，国家市场监管总局和国家标准委批准发布两项科技评估领域基础性国家标准《科技评估通则》（GB/T 40147—2021）和《科技评估基本术语》（GB/T 40148—2021），标准于2021年12月1日起实施。

2021年8月2日，国务院办公厅印发《关于完善科技成果评价机制的指导意见》（国办发〔2021〕26号）。

2021年9月23—24日，全国科技评估标准化技术委员会、中国科技评估与成果管理研究会、科技部科技评估中心联合举办第一期科技成果评价标准化培训班。

2021年12月24日，第十三届全国人民代表大会常务委员会第三十二次会议修订通过《中华人民共和国科学技术进步法》，将近些年有关科技评估评价改革发展的若干核心要求和成功经验升级为法律条款。